# ダム大百科

国土を造る巨大構造物を
見る・知る・楽しむ！

秋葉ダム（静岡県）



実業之日本社

湯田ダム（岩手県）

行こう!!

CONTENTS

## 第1章 ダムを知る

穴藤ダム（新潟県）

第2章

# ダムを楽しむ

CONTENTS

第3章

# ダムをもっと知る

笹流ダム（北海道）

長安口ダム（徳島県）

第1章

# ダムを知る

巨大な構造物・ダム。
では、どれくらい巨大なのか。
そして、なぜ巨大なのか。
ダムそのものと、
ダムが持つ役割を知ろう。

丸山ダム（岐阜県） 写真：萩原雅紀

ダムを知る

ダムの規模や構造が見えてくる

# スペック別・日本のダムBEST 10

## 堤高

BEST 10

堤高《ていこう》とは、堤体の基礎地盤から天端《てんば》までの高さのこと。日本の河川法では堤高が15m以上のものをダムとして、安全基準が定められている。ちなみに、15m未満のものは用途によって堰《せき》やため池などと呼ばれる。堤高日本一は富山県の黒部ダムで１８６ｍ。２０２０年現在、堤高世界一は中国の錦屏第一ダムで３０５ｍだが、同じ中国で３１４ｍの双江口ダムが建設中のほか、イランで３２５ｍのバフティアリダム、タジキスタンで３３０ｍのログンダムが建設されている。

### 1 黒部ダム 186.0m

**アーチ式コンクリートダム** 富山県／関西電力／1963年竣工／黒部川

戦後の高度経済成長期、逼迫《ひっぱく》した電力需要を賄うため、1956年に関西電力が社運をかけて建設を開始。人跡未踏の峡谷での工事には多数の苦難が待ち受けたが、それを克服して1963年に完成した堤高日本一のダム。型式は力学的にもっとも進化したドーム型アーチだが、建設中に発生した海外のダム決壊事故の影響を受け、両岸上部を岩盤と接しないウイング形状に修正。当時の最先端技術が投入された、世界のダム建設技術の結晶と言える。

## 2 高瀬ダム 176.0m

**ロックフィルダム**

長野県／東京電力／1979年竣工／高瀬川

最大出力128万kWを誇る揚水式（P21参照）の新高瀬川発電所の上部ダムとして、東京電力が1979年に完成させた。堤高は黒部ダムより10m低いが、裾野の広いロックフィルダムなので想像を超える大きさで、下から見上げたときに目の前に広がる、はるか高くまで石が積まれた光景には誰もが絶句するはずだ。下部ダムで堤高125mの七倉《ななくら》ダムとともに自分の足で下から上まで登ることができるので、日本が誇るロックフィルダムの大きさをぜひ体感してほしい。

## 3 徳山ダム 161.0m

**ロックフィルダム**

岐阜県／水資源機構／
2008年竣工／揖斐川

揖斐《いび》川の洪水調節や下流の東海3県の生活用水の確保などの目的で、水資源機構が建設し2008年に完成したロックフィルダム。多目的ダムとして日本最大の堤体が産み出したダム湖は、総貯水容量で奥只見ダムを抜いて日本一となった。これだけの大プロジェクトであり、ひとつの村が完全に水没することもあって、反対運動の激しさでも全国にその名を轟かせた。これからは中京地域の未来を担う存在として、全国にその名が広まるはずだ。

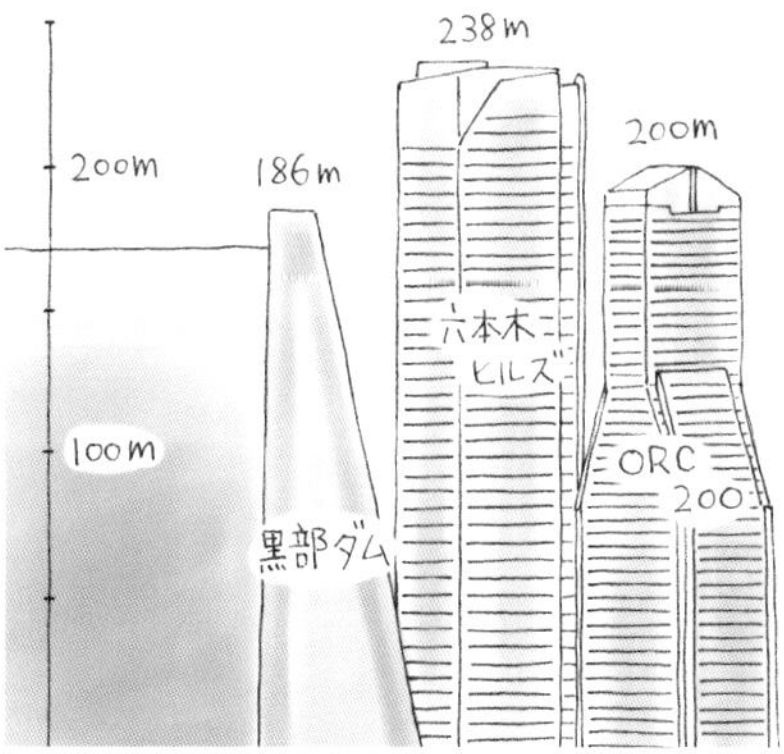


- 4 **奈良俣《ならまた》ダム 158.0m** ロックフィルダム／群馬県／水資源機構／1990年竣工／楢俣川
- 5 **奥只見《おくただみ》ダム 157.0m** 重力式コンクリートダム／新潟県・福島県／電源開発／1960年竣工／只見川
- 6 **宮ヶ瀬《みやがせ》ダム 156.0m** 重力式コンクリートダム／神奈川県／関東地方整備局／2001年竣工／中津川
- 6 **浦山ダム 156.0m** 重力式コンクリートダム／埼玉県／水資源機構／1999年竣工／浦山川
- 6 **温井《ぬくい》ダム 156.0m** アーチ式コンクリートダム／広島県／中国地方整備局／2001年／太田川
- 9 **佐久間ダム 155.5m** 重力式コンクリートダム／静岡県・愛知県／電源開発／1956年竣工／天竜川
- 10 **奈川渡《ながわど》ダム 155.0m** アーチ式コンクリートダム／長野県／東京電力／1969年竣工／犀川

## 総貯水容量 BEST 10

総貯水容量とは、ダムによって貯められる水の、理論上の最大量のこと。実際は、その中に上流から流れてきた土砂が貯まる堆砂容量、貯まっても放流することができない死水容量、下流の生活用水や発電用となる利水容量、そして大雨時に洪水調節で使用する洪水調節容量が含まれる。ちなみに徳山ダムの総貯水容量6億6000万㎥は、国内の自然湖で面積第2位の霞ヶ浦に匹敵するが、水深が異なるので、大きさは単純比較することはできない。

### 1 徳山ダム 6億6000万㎥

ロックフィルダム　岐阜県／水資源機構／2008年竣工／揖斐川

### 2 奥只見ダム 6億100万㎥

重力式
コンクリートダム
新潟県・福島県／電源開発／
1960年竣工／只見川

### 3 田子倉《たごくら》ダム 4億9400万㎥

重力式
コンクリートダム
福島県／電源開発／
1959年竣工／只見川

| | | | |
|---|---|---|---|
| 4 | 夕張シューパロダム | 4億2700万㎥ | 重力式コンクリートダム／北海道／2014竣工／夕張川 |
| 5 | 御母衣《みほろ》ダム | 3億7000万㎥ | ロックフィルダム／岐阜県／1961年竣工／庄川 |
| 6 | 九頭竜《くずりゅう》ダム | 3億5300万㎥ | ロックフィルダム／福井県／1968年竣工／九頭竜川 |
| 7 | 池原ダム | 3億3837万㎥ | アーチ式コンクリートダム／奈良県／1964年竣工／北山川 |
| 8 | 佐久間ダム | 3億2684万㎥ | 重力式コンクリートダム／静岡県・愛知県／1956年竣工／天竜川 |
| 9 | 早明浦《さめうら》ダム | 3億1600万㎥ | 重力式コンクリートダム／高知県／1978年竣工／吉野川 |
| 10 | 一ツ瀬ダム | 2億6131万㎥ | アーチ式コンクリートダム／宮崎県／1963年竣工／一ツ瀬川 |

## 湛水面積 BEST 10

湛水《たんすい》面積とは、そのダムが常時満水位の際の貯水池の面積のこと。貯水量は水深による影響も大きいため、湛水面積と貯水量は必ずしも比例しない。たとえば湛水面積日本一の雨竜第一ダムは堤高45・5mで、総貯水容量では12位である。

ちなみに雨竜第一ダムの湛水面積2373haは、東京都千代田区の面積のほぼ2倍、国内の自然湖と比べても、秋田県の田沢湖よりやや小さい程度。2位の夕張シューパロダムの湛水面積は長野県の諏訪湖よりも広い。

### 1 雨《う》竜《りゅう》第一ダム 2373ha
重力式コンクリートダム　北海道／北海道電力／1943年竣工／雨竜川

### 2 夕張シューパロダム 1500ha
重力式コンクリートダム
北海道／北海道開発局ほか／2015年竣工／夕張川

### 3 徳山ダム 1300ha
ロックフィルダム
岐阜県／水資源機構／2008年竣工／揖斐川

| | | | |
|---|---|---|---|
| 4 | 奥只見ダム | 1150ha | 重力式コンクリートダム／新潟県・福島県／1960年竣工／只見川 |
| 5 | 中禅寺ダム | 1140ha | 重力式コンクリートダム／栃木県／1998年竣工／大谷川 |
| 6 | 田子倉ダム | 995ha | 重力式コンクリートダム／福島県／1959年竣工／只見川 |
| 7 | 金山ダム | 920ha | 中空重力式コンクリートダム／北海道／1967年竣工／空知川 |
| 8 | 九頭竜ダム | 890ha | ロックフィルダム／福井県／1968年竣工／九頭竜川 |
| 9 | 御母衣ダム | 880ha | ロックフィルダム／岐阜県／1961年竣工／庄川 |
| 10 | 池原ダム | 843ha | アーチ式コンクリートダム／奈良県／1964年竣工／北山川 |

写真:目黒公司

# 堤頂長

BEST 10

## 1 大谷内ダム 1780.0m

アースダム

新潟県／北陸農政局／1989年竣工／釜川

## 2 東富士ダム 1597.5m

アスファルトフェイシングダム

静岡県／静岡県／1972年竣工／抜川

## 3 沼原《ぬまっぱら》ダム 1597.0m

アスファルトフェイシングダム

栃木県／電源開発／1973年竣工／那珂川

堤頂長《ていちょうちょう》とは、堤頂部の右岸と左岸の距離のこと。アーチダムの場合は堤頂部の円弧の上をなぞる。建設地点の地形や堤体の構造に大きく左右され、ダムの規模とは直接比較できない。例えば堤頂長442mの黒部ダムは総貯水容量約2億m³、堤頂長日本一の大谷内ダムは堤高23・2mで総貯水容量は約1200m³である。

堤頂長の大きいダムはもともと川ではない平地をぐるりと取り囲むように堤体を建設して水を貯めている構造が多い。

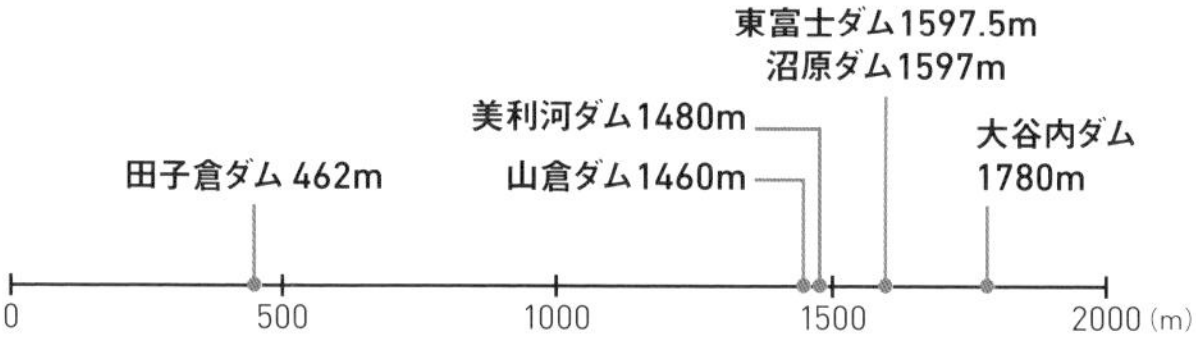


| | | | |
|---|---|---|---|
| 4 | 美利河《ぴりか》ダム | 1480.0m | コンバインダム／北海道／1991年竣工／後志利別川 |
| 5 | 山倉ダム | 1460.0m | アースダム／千葉県／1964年竣工／山倉川 |
| 6 | 山本第二調整池 | 1392.0m | ロックフィルダム／新潟県／1990年竣工／信濃川 |
| 7 | 底原《そこはる》ダム | 1331.0m | ロックフィルダム／沖縄県／1992年竣工／底原川 |
| 8 | 長沼ダム | 1050.0m | アースダム／宮城県／2014年竣工／迫川 |
| 9 | 狭山池 | 997.0m | アースダム／大阪府／2001年竣工／西除川 |
| 10 | 中里ダム | 985.0m | アースダム／三重県／1976年竣工／砂子谷川 |

## 堤体積

BEST 10

堤体積とは、文字通り堤体の体積のこと。ダムの型式や構造によって体積は異なるため、単純に堤体積によってダムの規模を比較することはできない。同規模で堤体積の大きい順に型式を並べると、フィルダム、重力式コンクリートダム、アーチ式コンクリートダムとなる。例えば堤高、堤頂長が比較的近いアーチ式の温井ダム、重力式の宮ヶ瀬ダム、ロックフィルの手取川ダムの堤体積はそれぞれ81万m³、200万m³、1005万m³で、ロックフィルダムの大きさが際立つ。

### 1 徳山ダム 1370万m³

ロックフィルダム　岐阜県／水資源機構／2008年竣工／揖斐川

### 2 胆沢《いさわ》ダム 1350万m³

ロックフィルダム

岩手県／東北地方整備局／2013年竣工／胆沢川

### 3 奈良俣ダム 1310万m³

ロックフィルダム

群馬県／水資源機構／1990年竣工／楢俣川

| | | | |
|---|---|---|---|
| 4 | 高瀬ダム | 1159万m³ | ロックフィルダム／長野県／1979年竣工／高瀬川 |
| 5 | 寒河江《さがえ》ダム | 1035万m³ | ロックフィルダム／山形県／1990年竣工／寒河江川 |
| 6 | 手取川《てどりがわ》ダム | 1005万m³ | ロックフィルダム／石川県／1979年竣工／手取川 |
| 7 | 忠別《ちゅうべつ》ダム | 944万m³ | コンバインダム／北海道／2006年竣工／忠別川 |
| 8 | 味噌川ダム | 890万m³ | ロックフィルダム／長野県／1996年竣工／木曽川 |
| 9 | 摺上川《すりかみがわ》ダム | 830万m³ | ロックフィルダム／福島県／2006年竣工／摺上川 |
| 9 | 小石原川《こいしわらがわ》ダム | 830万m³ | ロックフィルダム／福岡県／2020年竣工／小石原川 |

ダムを知る

# ダムの基礎知識

さまざまなダムを楽しむために知っておきたい

基礎知識 1

## ダムは誰のもの？

日本国内に大小合わせておよそ3000基が設置されているダム。しかし、すべてのダムが洪水調節や発電をしているわけではなく、さまざまな事業者がさまざまな目的で建設している。では、ダムは誰が何のために造り、運用しているのだろう。

### 電力会社と国交省が共同管理しているケースも

ダムはさまざまな目的を持って建設されるものだが、逆にいえば目的によって管理者や事業者が違うということになる。事業者を知れば、発電しか行わないダムや、洪水調節から下流の住民への水供給まで、マルチな活躍をするダムなど、それぞれのダムが持つ役割が見えてくるようになる。

ダムを管理している事業者を、目的別に大まかに分けると次のようになる。

国土交通省や水資源機構、そして各都道府県が建設し、管理しているダムは、治水や利

水資源機構が管理する滝沢ダム（埼玉県）

農林水産省が管理する荒瀬ダム（鹿児島県）

電源開発が管理する
堤高103mの坂本ダム
（奈良県）

水といったいくつかの目的を持つ多目的ダムが多い。発電の目的を含んでいるダムも多いが、多目的ダムの場合、ほとんどが下流への水供給の際にのみ発電所を経由する「利水従属発電」で、発電のためだけに水が使われることはない。

都道府県管理ダムの中には、多目的ではなく上水道用水や工業、農業用水専用、そして発電専用のものもある。自治体でも市町村レベルが管理しているものもあり、そういったダムはその自治体内の上水道または農業用水を確保するだけの、単一の目的のダムがほとんどだ。

農林水産省や土地改良区が管理しているダムはほぼ間違いなく農業用水（かんがい）専用。ただし、農水省が建設したダムのごく一部に、洪水調節や上水道用水、発電といった目的を併せ持つダムもある。

## 民間企業が所有する発電用ダムも

各電力会社や、卸電気事業者の電源開発が建設・管理しているダムは基本的に発電専用だ。しかし、ここでも一部のダムでは国交省と共同管理したり、自治体が計画に相乗りしたりして、洪水調節や利水補給の目的を併せ持つものもある。こういったダムの場合は利水補給の都合に関係なく、発電の必要がある

# ダムを管理する事業者とその特徴

## 民間組織

### 電力会社

規模や発電の方法によってさまざまな姿容の堤体があり、小さなものは単なる取水堰だが、大きなものは日本を代表する名堤体も多い。また中空重力式やバットレスといった希少種を運用しているのも電力会社が多い。

### 電源開発

奥只見、御母衣《みぼろ》、佐久間、池原など、各型式を代表する、キラ星のごとく輝く巨大ダムを建設しており、ダムの潜在的な知名度や巨大ダムの保有率が大きい一大ダム帝国を築いている。見学がしやすいダムが多いのも特徴。

### その他の民間企業

背の低い取水堰タイプのダムが多い。PRなどはほとんど考えられていないようで、堤体に小さく企業名が入っている程度の控えめなダムが多く、立入禁止で説明用の看板すら用意していない堤体がほとんど。

## 公的機関

### 国土交通省

さまざまな放流設備を持つ堤体が多い。近年までは質実剛健一辺倒で、デザインに凝ったダムはほぼなかったが、2000年前後から明確なコンセプトや複雑なラインをまとった「デザイナーズダム」を多数誕生させている。

### 水資源機構

基本的には国土交通省のダムに近いが、平成に入る頃あたりから、エッジを面取りしたり丸めたり、逆に際立たせたりといった、細部にこだわりを持つ小綺麗なダムが目立つようになった。見学しやすいダムが多いのも特徴。

### 農林水産省

一部を除いてかんがい専用ダムで、型式は重力式やロックフィルダムがほとんどを占める。シンプルで、これといって特徴のないダムが多く、積極的にPRする必要性もないせいか、立入禁止の堤体も少なくない。

### 地方自治体

基本的にはなるべく低コスト、かつ少人数で運用できる仕様のダムが多い。近年ではゲートの類をひとつも持たない「自然調節式」ダムが多く、その見た目の画一性によってファンからは「量産型ダム」と呼ばれている。

九州電力が管理する上椎葉ダム（宮崎県）

ときに必要なだけ水を使うことができる。

また、わずかな勢力ながら見逃せないのが民間企業所有のダムである。すべて発電専用で、管理者は製紙や製鉄、非鉄金属製造といった大電力を必要とする企業が多い。そんな中、鉄道会社としてJR東日本が国鉄時代から運用しているダムもあり、これは首都圏の通勤ラッシュ時に発電して大量の電車を動かすのに一役買っている。

基礎知識 2

# ダムの役割

ダムは単に水を貯めているだけではなく、大雨のときに洪水を防いだり、逆に雨が降らない日が続いても川が枯れないように貯めた水を流したり、発電をしたりと忙しく働いている。そんなダムの役割を詳しく紹介しよう。

## 単一目的のダム

**神一《じんいち》ダム**（富山県）

関西電力が所有する発電専用のダム。富山の神通川水系にある

**荒瀬ダム**（鹿児島県）

鹿児島県にあり、一年を通じて安定した水の供給ができるようにする目的で作られた農業用ダム

## 水害を最小限に抑えたり生活用水、工業用水を確保する

ダムの定義や役割は各国により異なるが、1928年に創設された国際大ダム会議では、川などを堰《せ》き止めて水を貯める建造物のうち、いちばん下から上までの高さが5m以上、そして総貯水容量が300万㎥以上のものをダムと定めている。その中で、高さが15m以上のものをハイダム、それ未満のものをローダムという。日本の河川法では、「河川の流水を貯留し、または取水するため（中略）設置するダムで、基礎地盤から堤頂までの高さが15m以上のもの」をダムと定めている。つまり、ローダムは河川法で定めるダムではなく、用途に応じて「堰《せき》」や「ため池」と呼ばれている。また、水を貯めない砂防ダムも河川法上のダムではないため、近年では区別するために砂防堰堤《えんてい》と呼んでいる。

ダムの役割は、大きく治水と利水に分けられる。治水とは読んで字のごとく、水を治めること。つまり大雨が降っても洪水などの水害が発生しないように行われる事業である。ダムの治水は主に洪水調節で、上流から貯水池に流れ込んでくる大量の水を貯め、安全な分だけを放流することで下流を洪水の被害から守るのである。

## 多目的ダム

利水とは、こちらも読んで字のごとく、水を利用すること。もう少し細かく説明すると、それまでは利用されず下流まで流れていってしまっていた水を貯めて、新たな水源として活用したり、雨が降らない日が続いて川の水が少なくなっても、ダムに貯めた水を必要に応じて放流することで水量を増やし、川から水を引いて生活や仕事をしている人々を守ることである。

ダムの利水には、田んぼなどで使用されるかんがい用水、住民の生活用水である上水道用水、工業地帯に送られる工業用水などを貯めて供給することなどがあり、さらに水力発電も利水の一種に分類されている。また、雪国の道路に埋め込まれている消雪パイプや、除雪した雪を投入する流雪溝に流す水を確保するための消流雪用水という用途を持つダムもある。

また、治水や利水に加えて、近年では堤体やダム湖を利用したレクリエーションを提供するダムも登場してきている。

**真名川ダム**（福井県）

福井県の九頭竜川水系真名川にある真名川ダムは治水と発電を目的に造られた

**下久保ダム**（群馬県）

群馬県にあり、利根川水系9ダムのひとつ。治水と利水が主な目的

### ダムごとに運用のしかたは異なる

ちなみに、治水や利水のうち、どれかひとつの目的のために造られたダムを専用ダム、治水と利水の両方の目的を持つダムを多目的ダムという。専用ダムは役割によって運用が異なり、上水道専用の場合はなるべく高い水位を維持する。一方、かんがい用水専用ダムは、秋になり収穫が終わると1年の役割を終え、水を完全に抜いてしまうダムもある。多目的ダムは、大雨の降りやすい夏場は水位を下げて待ち受け、台風の季節が終わると水位を上げて利水用の確保量を増やす。専用ダムと多目的ダムでは放流設備の数や種類、貯水池の水位など、同じダムでもまったく異なる運用をしているのだ。

# ダムのさまざまな目的と略字

略字

**治水**

**F　洪水調節**

大雨の際、増水した川の水を貯め込みながら、あらかじめ決められた安全な量だけを放流し、下流を洪水から守ること。上流から流れてくる水の量は常に変化するため、放流する量を細かく変えて、貯水池の容量を最大限に使いながらダムは大雨と戦っている。

**N　不特定利水・河川維持用水**

雨が降らない日が続いて川の水が減った際に、足りない分をダムから放流し、水の流れを通常の状態に近づけることをいう。そうすることで、昔から川の水を引いて利用している人々や川に住む生き物が安心して暮らすことができ、川の環境を守ることにもなる。

**利水**

**A　かんがい用水**

かんがいとは、効率よく作物を育てるため、人為的に農地に給排水することをいう。土地を切り開いて農地を作っても、そこを潤す水がなければ作物は育たない。そこで、安定して作物を育てるために、ダムを造って水を貯め、必要な時期に農地に水を供給する。

**W　上水道用水**

都市部の水道は、川から取水した水を浄水場で浄化し、給水所を経由して各家庭などに送っている。したがって川の水が減ると取水できず、水不足が起こるため、都市を流れる川の上流にダムを造って生活用の水を貯め、川の水が減りそうなときは放流して補う。

**I　工業用水**

巨大な工場が立ち並ぶ工業地帯では、さまざまな用途で大量の水を使用するため、川から工業用水道を引いている。そこで川の水量に影響を受けないよう、水量が減りそうなときは上流のダムから放流し、川の水を補うことで安定して使用できるようにしている。

**発電**

**P　発電**

高いところから低いところへ流れ落ちる水の力を利用してタービン（羽根車）を回し、電気を起こす水力発電のために水を貯める。発電所の上と下にダムを造り、昼間は上のダムから水を流して発電し、夜、下のダムに貯まった水を上のダムに汲み上げて、再び昼間に発電するという「揚水式」という方法で使われているダムもある。

※略字は、このほかにS＝消流雪用水、R＝レクリエーションがある

基礎知識 3

# ダムの構造

ダムにはいろいろな型式がある。それこそがダムの大きな魅力のひとつであり、バラエティーに富んだ外観を眺めるのは楽しいものだが、どの型式であっても、その目的は水を貯めた際の水圧にどうやって対抗して堰き止めるかである。ここでは、それぞれのダムの型式を詳しく解説しよう。

長島ダム（静岡県）

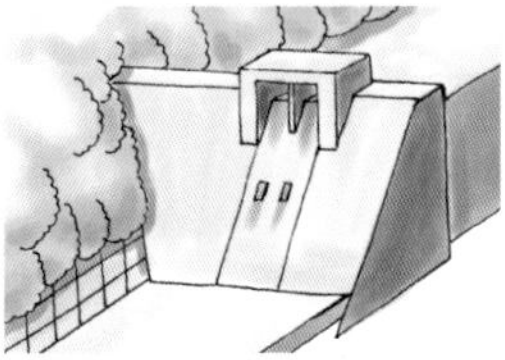

## 重力式コンクリートダム G

» 重さで水を堰き止めている
» 地盤が強いところに造られる
» 日本で最もオーソドックス

### 重さで水圧に対抗する

コンクリートの塊である堤体そのものの重さで水圧を支え、押されても踏ん張って動かずに水を堰き止める。重さと安定性だけクリアしていればよいので、設計の自由度は高い。国内では19世紀末から建設されているポピュラーな形式だ。

　大まかに見ると縦に切った断面は直角三角形で、構造が単純なので大きなダムも造りやすいが、水圧を支えている重さは地盤にかかるので、建設地点はある程度の強度が必要だ。また、同じ規模で比較した場合、すべての型式の中で使用するコンクリートの量がもっとも多く、建設期間が長く、コストもかかる。

　この重力式の弱点を補ったのが中空重力式コンクリートダムだ。堤体内部にいくつかの巨大な空洞を造ることによって、使用するコンクリートの量を節約できる。空洞で軽くなった分は、堤体の上流側を斜めにすることで、水を貯めたときにかかる下向きの水圧で補い、縦断面が二等辺三角形になることで底面積が大きくなるので安定性が増す。しかし、近年セメントの価格が大きく下がり、逆に複雑な構造のため施工の人件費の方が高くなったため、国内では１９５０年代から70年代に13基が建設されただけで、その後は造られることはなくなった。下流面が重力式に比べてやや急勾配なのと、貯水池の水位が低くなると上流面のタコ足と呼ばれる凹凸が姿を現すのが特徴。

小渋ダム（長野県）

## アーチ式コンクリートダム A

- コンクリートの量を節約できるので大規模なダムに多い
- 左右に力を渡すので、左右の岩盤が強固なところに造られる

### 左右と底部の岩盤に水圧を伝える

水平方向に円弧や放物線を描いている薄い堤体が特徴で、水を貯めたときにかかる水圧をアーチ作用で左右と底部の岩盤に伝える構造。なるべく材料を減らして建設コストを下げる目的で開発され、19世紀にポルトランドセメント、つまり現在のセメントが発明されてから急速に発展。20世紀初頭にアメリカで巨大化し、その後はヨーロッパなどで強く、そして薄く進化していった。

アメリカでは広大な土地を生かし、貯水池を大きくすることでダムの建設数を削減する方針をとった事情もあり、安定性を増すため重力式の要素も取り込んだ重力式アーチダムが主流になった。いっぽう、国土が狭く山も険しいヨーロッパでは、建設するダムの数を減らすことはできないため、できるだけ堤体を薄くすることで1基あたりのコストを削減。安定性を高めるために単なる円筒形から徐々に前のめりに進化させ、左右だけでなく底部の岩盤にも積極的に水圧を伝えるドーム型アーチダムや、谷幅の広い場所でもアーチダムを建設できるマルチプルアーチダムが産み出された。

日本では地震国という影響が大きいため導入が遅れ、技術的にピークを迎えた1950年代になって初めて建設が始まった。そのため初期の数例を除いて、ほとんどが力学的にもっとも進化したドーム型アーチダムが採用されている。

湯田ダム（岩手県）

豊稔池ダム（香川県）

愛子溜池（宮城県）

## アースダム E

» 最も原始的で施工しやすい
» 建設費をおさえられる

## ロックフィルダム R

» 底面積が広い
» 比較的地盤が軟弱でも建設できる

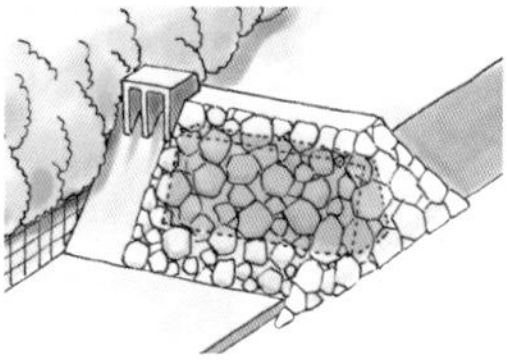

奈良俣ダム（群馬県）

## 土や岩を積み上げて堰き止める

ダムには、大きく分けてふたつの型式がある。ひとつはコンクリートを固めて造られるコンクリートダム、そしてもうひとつはコンクリートを使わず、土や岩を積み上げて造られるフィルダムである。ダムといえばコンクリートを思い浮かべる人が多いと思うが、実はフィルダムの方が圧倒的に歴史が古く、数も多いのだ。

コンクリートダムの中に重力式、中空重力式、アーチ式などがあるように、フィルダムの中にもいくつかの属が存在する。その中でもっとも多いのがアースダム。土を積み上げて造られた堤で水を堰き止めるという、ダムとしてはもっとも原始的な構造で、世界最古のフィルダムは紀元前2900年頃にエジプトで造られていたという。日本で現存するものでは7世紀頃に造られたアースダムがもっとも古いといわれている。アースダムは施工しやすく安価で、現在でも農業用のため池などで建設されているが、強度の問題があり、日本では最大でも高さが40m程度までに抑えられている。

長らくアースダム一族が繁栄を謳歌していたフィルダムの世界に革命がもたらされたのは19世紀。強度を上げるため、ダムの内部を水を通さない遮水壁の層、その壁を支える岩の層などに分けたゾーン型ロックフィルダム、そして川を遮るように岩の山を造り、その貯水池側の表面をコンクリートなどで舗装して遮水する表面遮水壁型ロックフィルダムが開発され、フィルダムは一気に大型化する。

ロックフィルダムはコンクリートダムと比較して底面積が広いため、水を貯めて堤体に水圧がかかった際、単位面積当たりの荷重が小さくなる。そのため、コンクリートダムの建設が難しい地盤の弱い場所にも建設することができる。

丸沼ダム（群馬県）

## バットレスダム B

» 橋脚のように柱を立て
鉄筋コンクリート製の板を立てかける

## 台形CSGダム CSG

» 日本で開発された新技術で
建設コストをおさえられる

当別ダム（北海道）

忠別ダム（北海道）

## コンバインダム

» 重力式ダムとフィルダムを
組み合わせた構造

### 少数派ながら超個性的な型式たち

重力式コンクリートダム、アーチ式コンクリートダム、そしてフィルダム。これらがダムの主要3型式といわれているが、時代の波にのまれ衰退した型式、建設地点の特殊な事情により稀に建設されるレア型式、そして時代に合わせて開発された最新の型式も存在する。

その中でも比較的多いのはバットレスダムだ。橋脚のように、川の流れに対して平行に何本かの柱を立て、その柱に支えられるように鉄筋コンクリート製の板を立てかけて水を堰き止める方式で、安定性を高めるために柱と柱の間に梁が通されているものもある。構造的には中空重力式やマルチプルアーチ式に近く、もっとも古いものは18世紀にまで遡る。20世紀半ばには堤高200mを超えるものまで建設された。日本では、凍害を受けやすく地震に対する不安も判明したため、大正時代から昭和初期にかけて8基が建設されたが、その後は造られることなく、現存するのは6基のみである。

コンバインダムは、複数の異なる型式を組み合わせたダム。重力式ダムとフィルダムの組み合わせが一般的だが、海外にはバットレスダムとアーチダム、重力式ダムとバットレスダムとフィルダム、といったコンバインダムも存在する。

台形CSGダムは日本で開発された最新の型式で、砂礫にセメントと水を入れたCSGという材料をフィルダムのように台形に盛り立てて固めたもの。コンクリートダムとフィルダム両方の特性を持ち、コンクリートダムのように厳密な骨材管理を必要とせず、建設コストを大きく下げることができる。現在完成しているダムは4基だが、計画中に型式をロックフィルから変更したダムもあり、これからの日本のダム界を担う存在といえる。

基礎知識 4

# ダムの放流設備

ダムに貯まった水を放流するための施設は、ダムごとにその数や種類が異なり、設置されている場所も違う。この違いによってダムに個性が生まれ、見比べるのも楽しくなる。

扇形の扉体が特徴的なラジアルゲート。比較的水圧に強い

平たい板が上下に動いて水の流れを調整するローラーゲート

## 洪水吐や水門にはさまざまなタイプがある

ダムの役割は水を貯め、必要なときに放流することである。安全に水を貯めるために、地形や地質などに合わせたいくつかの型式があるのと同様、必要なときに適切な放流ができるように、ダムの目的や川の流量に合わせて、放流設備にもさまざまな種類が存在する。

放流設備のうち、洪水調節や水位維持に使用するものを洪水《こうずい》吐《ばき》といい、通常時に使用するものは「常用洪水吐」、常用洪水吐の能力を上回る水量を放流するものは「非常用洪水吐」という。

非常用洪水吐は、計画を超える量の水が流れ込んできても堤体の上から溢れないようにするため、ほとんどすべてのダムが持っている。身近な例で説明すると、洗面所のボウルの上部に空いている穴と同じ役割である。ダムの場合は堤体の最上部や堤体脇のダム湖岸に設置され

重力式コンクリートダムの例／下久保ダム（群馬県・埼玉県）

ていて、水門を装備しているものと、単なる切り欠きがあって、その上を水が越流するタイプがある。

常用洪水吐を装備しているのは洪水調節の用途を持つダムで、あらかじめ設定された貯水池の水位や、放流量に合わせた放流設備が設置されている。また、常用洪水吐には放流量を調節するための水門が設置されている場合が多いが、最近は自然調節方式と呼ばれる、堤体に開けられた穴から自然に流れ出る水量で自動的に洪水調節を行うダムもある。

放流量を調節するための水門にもいくつかの種類がある。そのうち2大巨頭といえるのがローラーゲートとラジアルゲートだ。ローラーゲートは、平たい板が溝に沿って上下に動くことで水を流したり止めたりする構造。重い扉体がスムーズに動くように扉体にローラーが取り付けられている。通常は引き上げることで下から放流されるが、

稀に下に降りることで上部を越流させるタイプも存在する。

ラジアルゲートは、扇型をした扉体が、扇の支点を中心に回転するように開閉する構造。ローラーゲートと比較して水圧に強く、高さを抑えることができるのが特徴だ。

そのほか、水位の管理がしやすいフラップゲートや、古いダムにわずかに残るローリングゲート、ラジアルゲートを上下流逆方向に取りつけた引っ張りラジアルゲートなど、レアなゲートを持つダムもあり、堤体の表情を豊かに彩っている。

また、水門と比較してコンパクトで流量のコントロールがしやすい、放流バルブが設置されているダムも少なくない。バルブは外観からの判断が難しいが、ダムに採用されているのは水を霧状に飛ばして勢いを抑えるハウエルバンガーバルブ、ビーム状に放流して狙った場所に落とすホロージェットバルブの2種類が大部分を占めている。

ロックフィルダムの例／七ヶ宿ダム（宮城県）

アーチ式ダムの例／
天ヶ瀬ダム（京都府）

水を霧状にするハウエルバンガーバルブ

ビーム状に放流するホロージェットバルブ

さまざまなデータを分析・検討するネットワークの拠点、利根川ダム統合管理事務所の全景と操作室

ダムを知る

# ダム管理と河川整備

## ダムと水路で水量や河川の流れをコントロールし、水のネットワークを構築

（上）利根川の水を荒川に引き込む全長14.5キロメートルの武蔵水路。東京都水道局の約4割、埼玉県企業局の約8割の給水エリアに水道水を送っている。この他、千葉県では、利根川と江戸川を結ぶ北千葉導水路も、2000年に完成している
（下）五十里ダムは、大雨によって倒れ、ダムの貯水池に大量に流れ込んだ流木を捕捉した

全国各地の河川には、それぞれの水系ごとにネットワークが構築され、地域の生活を支えている。全国で一級水系に指定されている109水系のうち、首都圏の利根川水系、岩手の北上川水系、近畿の淀川水系、九州北部の筑後川水系を例にとって、以下、ダムの管理と河川整備の実務を紹介する。流域には、ダムや水路、調整池（貯水池）、堰などが建設され、治水（洪水調節）や利水（水の供給）などが行われている。

### 首都圏の生活を支える利根川水系

利根川は、流域面積では日本最大で、長さでは2番目に長い川だ。流域内人口は約1300

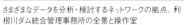

## 利根川上流9ダムと鬼怒川水系4ダム

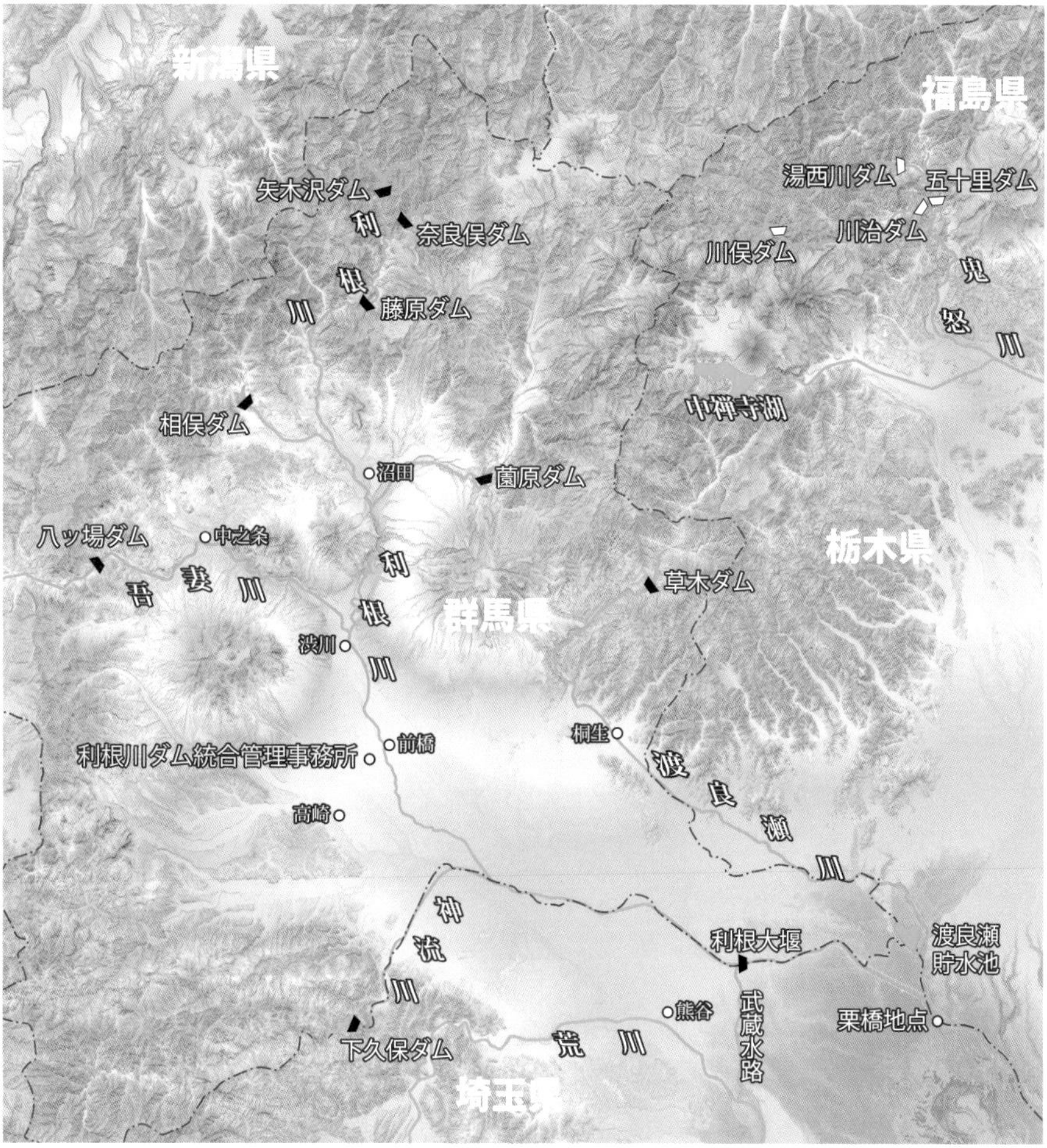


万人、周辺の1都5県の人口は計2780万人にも及ぶ。この広大な首都圏で使用される水は、約8割近くを、利根川水系から取水している。上流には多数のダムがあり、主要な9つのダムを**利根川上流9ダム**と呼んでいる。

これらのダム群は、下流の浄水場などで必要な水量を、どれだけ放流するか、各ダムごとに定められた、操作規則に基づいたルールに則って決めている。雨が多い時期には、ダム湖の容量を空けて水を貯めた後、ルールに基づいて水を放流し、雨の少ない時期には、多い時期に空けた容量部へ水を貯め込むというような操作だ。

これらのデータを分析・検討し、統合管理をしているのが、群馬県にある**利根川ダム統合管理事務所（通称：統管）**である。すなわち統管は、各施設の総合的な運用を検討・指示する司令塔のような役割を果たしているのだ。そして、埼玉県久喜市の栗橋地区を基準点として、この地区に必要な水量補給の予測を行い、放流指示書を出し、各ダムは、その指示に従った放流も行う。

　例えば、2016年の渇水時には、このネットワークを最大限に活用し、最上流にある**矢木《やぎ》沢《さわ》ダム**から川に水を補給し、続いて**奈良俣ダム**もフル稼働して補給に当たった。こうして次々にダムが連動した結果、8ダム（当時）の補給量は、計3億㎥近くにおよび、渇水の危機を乗り切った。矢木沢・奈良俣の両ダムは、8ダムの補給量のうち、半分以上を占めたという。

## 鬼怒川水系4ダムの治水

　各ダムは、基本ルールに則って、貯水・放流を行うが、大雨などの緊急時には、ルールを超えた操作が実施される場合もある。利根川水系は流域面積も広く、近年では大雨による被害は起きていないが、2015年、鬼怒川《きぬがわ》水系の下流で堤防決壊が起きた。これは、台風が過ぎた後、鬼怒川流域に特別な気流が発生し、大量の雨が降ったためである。

　堤防は決壊したが、この想定外の気象条件下で、上流の**川俣ダム**は、放流を毎秒10㎥に絞って水を極限まで貯め込むというルールを超えた特別操作を行い、下流の**川治《かわじ》ダム**の流量を抑え、被害を最小限に止めた。同じく上流にある**湯西川ダム**も、最大流入量の9割を貯め込み、下流の**五十里《いかり》ダム**への流入量を大幅にカットしている。さらに、4ダムの貯水池で大量の流木を捕捉したことで、下流の被害軽減に貢献したのである。（36ページ参照）

## 利根川の水が荒川に流れる

　ダムだけでなく、河川の流量調整機能として、水路の建設がある。利根川の水を荒川に流す導水路として造られた**武蔵水路**は、埼玉県行田市にある利根大堰から南の鴻巣市へ流れ、荒川に注いでいる。1964年の東京オリンピック直後に、東京の渇水を潤すため、通水が開始され、1967年に完成した。この水路で荒川に通された水は、浄水場を経て、東京や埼玉の広範な地域に供給され、首都圏の生活を広く支えている。また、周辺の浸水被害を防ぐという役割も担っている。通水後、長い年月を経て老朽化が進んだが、2015年、全面的な改築工事がなされ、無事竣工した。

　以上のように、河川は、ダムや水路によって生かされているといってよい。日本の険しい地形は、常に渇水や洪水の危険性をはらんでおり、自然の川の流れだけでは、十分な水量は得られないのだ。ダムは年間を通じて、「貯める・流す」を繰り返し、水路は水の流れを変え、水量を調節して、私たちの生活を守っている。

## 三川が合流する淀川水系

淀川水系は、琵琶湖を水源に持つ宇治川（琵琶湖から流れ出る当初は瀬田川）と、三重・奈良などから流れる木津川、京都から流れてくる桂川に大別され、京都と大阪の境界付近で合流して淀川となり、大阪湾に注いでいる。

　宇治川から淀川に至る途中には**天ヶ瀬ダム**、木津川には**木津川上流5ダム**と呼ばれる高山・青蓮寺《しょうれんじ》・室生《むろう》・布目《ぬのめ》・比奈知《ひなち》の各ダムがあり、桂川には**日吉《ひよし》ダム**がある。

　また、河川の重要な施設として、琵琶湖から流れる瀬田川の水を堰き止め、利水・治水を行う**瀬田川洗堰《あらいぜき》**と、淀川の最下流に設けられ、水道・工業用水の新規開発と水質浄化を進めてきた**淀川大堰**がある。これらの7ダムと瀬田川洗堰は、**淀川ダム統合管理事務所**が統合管理を行い、淀川大堰は、淀川河川事務所が管理を行っている。

　淀川の流域内人口は、約1180万人、2府4県の総人口は計2140万人であり、統管では、この広い都市圏の生活を守るため、渇水時には、琵琶湖やダム群の長期的な流況予測を行い、効率的な水の補給に努めている。また、川ごとに気象条件や雨量が違うので、それぞれのダムと綿密に連携を取りながら、洪水対策にも備えている。

2013年の台風18号による大雨では、淀川水系の各河川の氾濫が予測された。この時、木津川上流5ダムが連携して、洪水調節を実施し、下流の洪水被害を軽減した。**高山ダム**では下流の木津川、**布目ダム**では布目川、**比奈知・青蓮寺・室生**の名**張川3ダム**では名張川で、ダムの貯留を通常の洪水調節操作よりも増やす操作を実施し、下流域周辺の被害は未然に防がれた。**天ヶ瀬ダム**では、流域全体の安全を確保するためゲート操作を行い、水量を低減。**瀬田川洗堰**も、実に41年ぶりという全閉操

## 淀川水系の主なダム

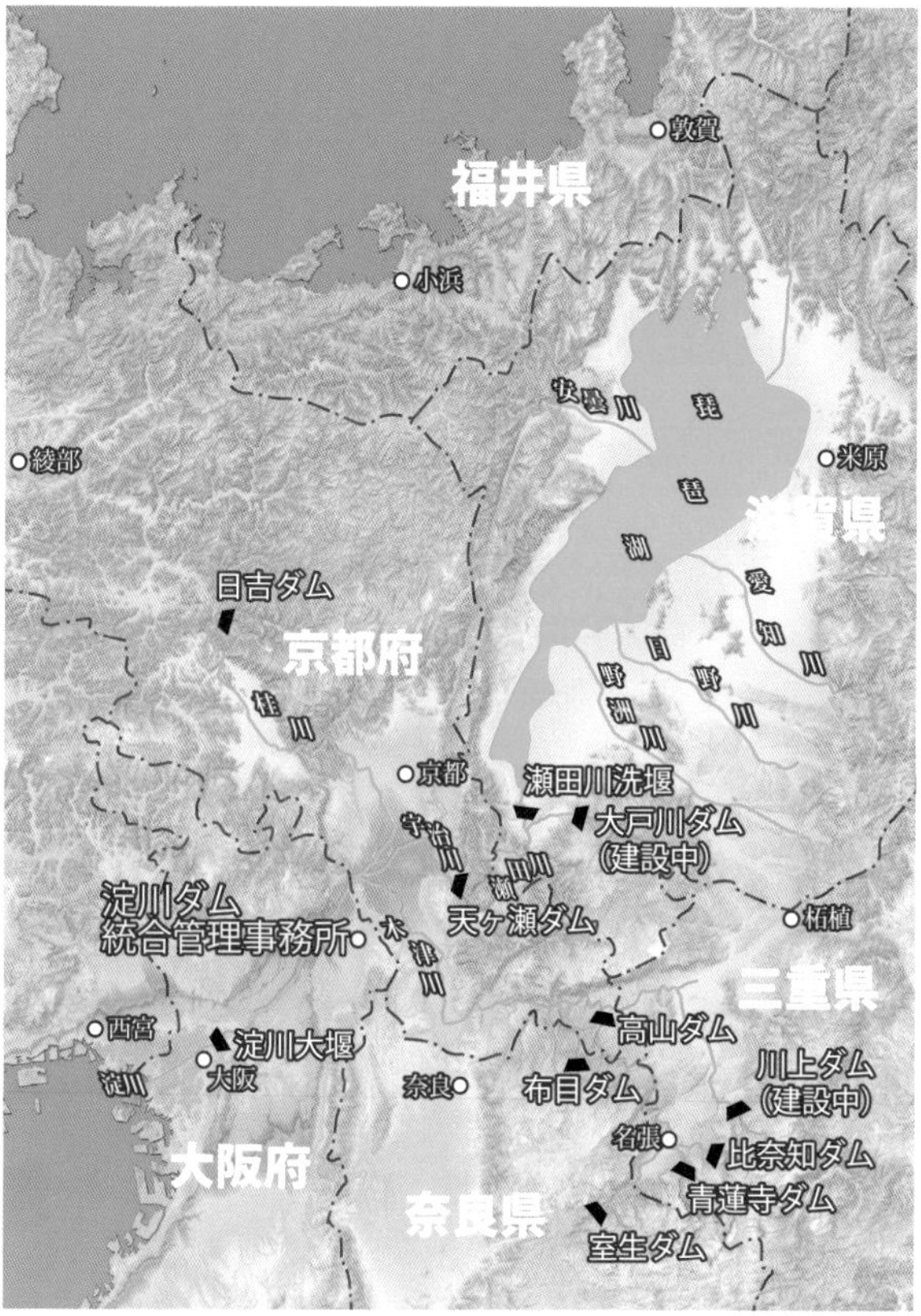


淀川水系7基のダムを管理する淀川ダム統合管理事務所の全景と司令室

北上川の最上流部にある北上川ダム統合管理事務所と、四十四田ダムの操作室

## 北上川５大ダム

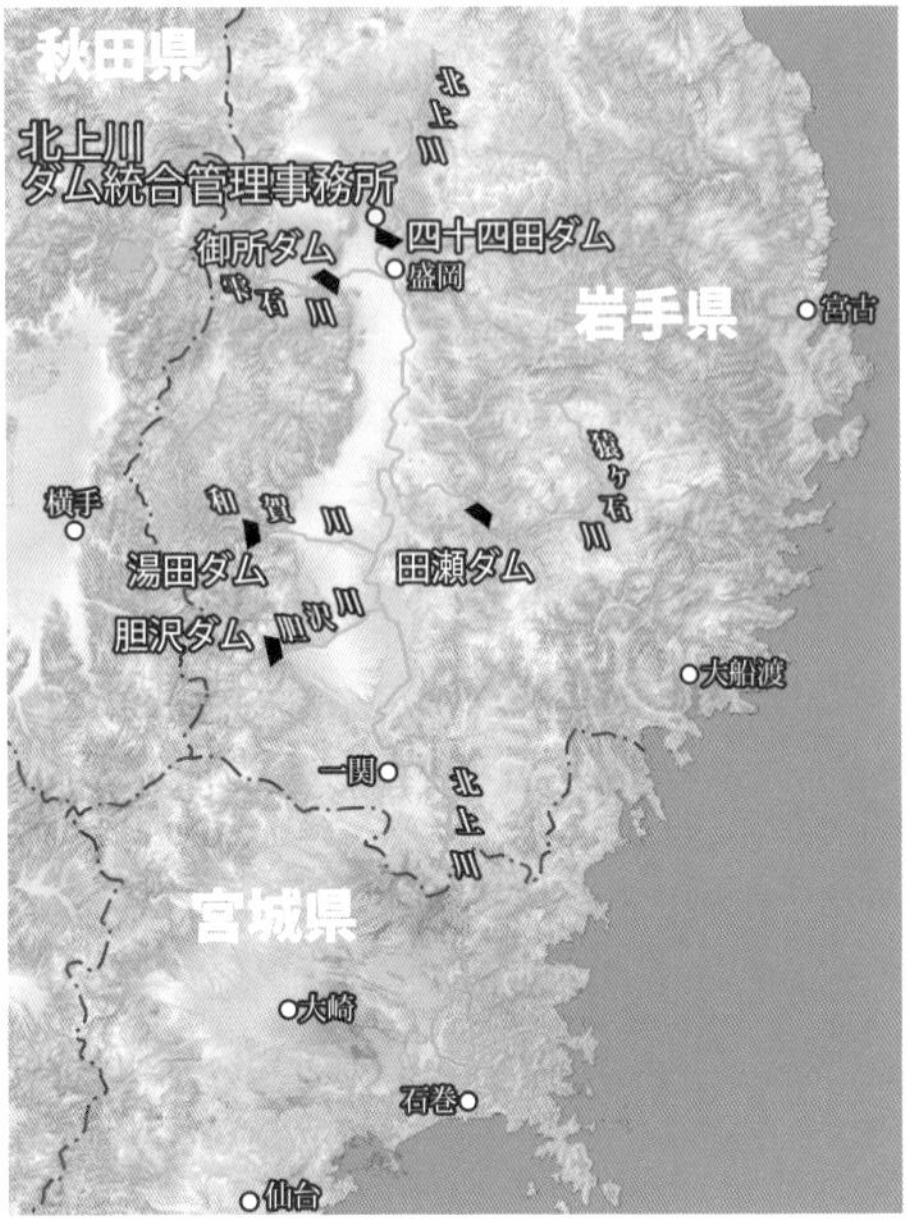


作に踏み切り、水位上昇を抑えた。

　また、桂川下流部の堤防も危険な状態になったことから、三川合流点での水位を低下させるため、各ダムの放流量をさらに絞り込んで貯留する操作も実施し、桂川にある**日吉ダム**をはじめ、淀川水系のダム群全体で、桂川下流部の水位低下に努めた。その結果、京都の嵐山では、渡月橋が水に浸かり、周辺の観光施設も浸水するなどの被害が生じたものの、渡月橋の損傷を最低限に止め、浸水戸数も半減できたとされている。

　これらの従来にない特別操作や連携操作は、常日ごろから、統管と共に治水に努めているからこそ、成功したものであり、予測できない気象状況に対しても、的確に対応できる体制が整っているということだろう。

### 清流が蘇った北上川水系

　岩手県のほぼ中央部を宮城県へと流れる北上川は、流域面積が全国4位という東北最大の川であり、上流には、**北上川5大ダム**と呼ばれるダム群がある。川幅は広く勾配も緩やかだが、一関市の狐禅寺辺りで急に川幅が狭くなり、洪水が起きやすい地域となる。そのため、この一関市を基準点として、盛岡市にある**北上川ダム統合管理事務所**が、5大ダムの効果を最大限に発揮することを目的に、統合管理を行っている。

　また、北上川は、酸性の強い鉱山の水が流れ込み、汚染が広まった時期もあった。だが、鉱山廃坑の後、上流に、岩手県が中和処理施設を造って整備に当たったため、その後は水質が改善されて、最上流の**四十四田《しじゅうしだ》ダム**近くまで、鮭が遡上してくるようになったという。こうして蘇った清流を守る5大ダムは、北上川流域全体の約4割の流域を占め、統管と共に、各ダムが互いに連携しあって洪水調節を行っている。

　2013年の台風18号による

久留米市にある筑後川ダム統合管理事務所の外観と司令室

## 筑後川水系の主なダムと水路

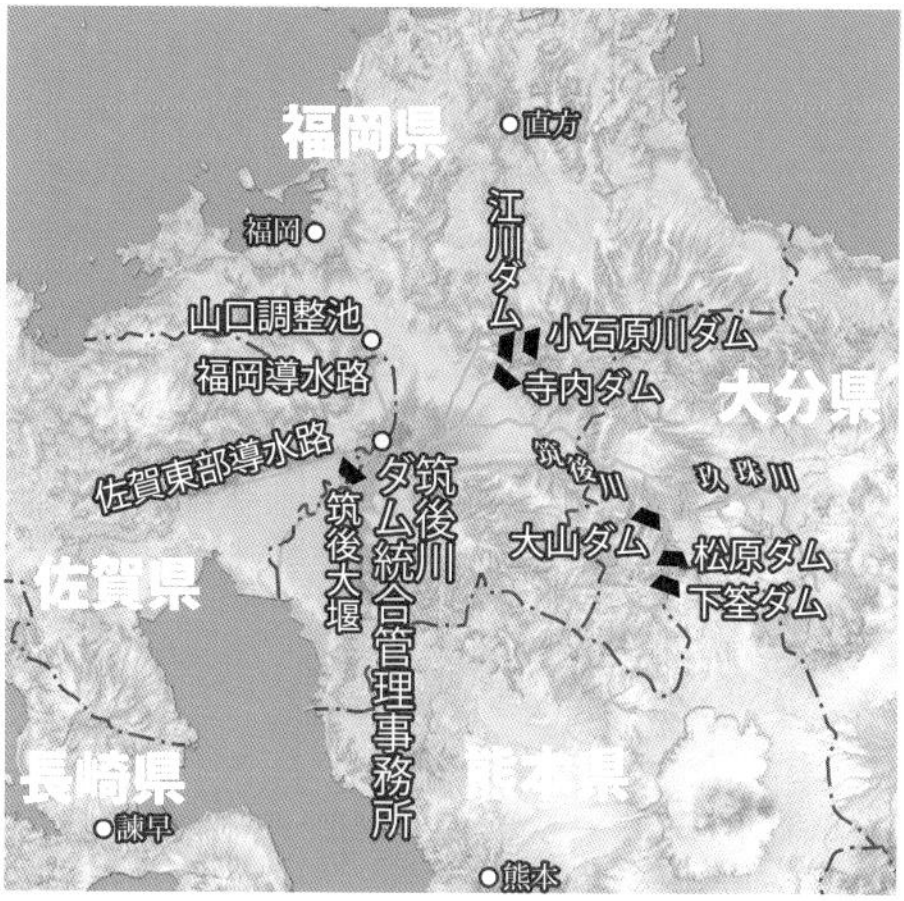


大雨の際には、四十四田ダムの活躍などにより、盛岡市をはじめとする下流沿川の浸水被害が防がれ、さらに、大量の流木も捕捉し、下流の被害軽減に大きく貢献した。なお、5大ダムの内、最初に竣工した**石淵ダム**は、再開発により、下流に**胆沢ダム**が完成し、新しいダム湖の中に水没している。

### 福岡の水源を担う筑後川水系

筑後川は、熊本県の阿蘇山の外輪山を水源として九州北部を東から西に流れ、有明海に注ぐ、九州最大の河川だ。流域と支流には、**下筌《しもうけ》・松原・寺内・大山の各ダム**と、**筑後大堰**があり、**筑後川ダム統合管理事務所**が統合管理をしている。福岡県は、水源に恵まれていないため、渇水となることが多い。そのためダムは利水において、水量確保を進めるとともに、大雨などの際は、防災操作と呼ぶ治水も連携して行っている。

ダムによる利水のほか、近郊河川や筑後川からの取水を行う水路も発達しており、**福岡導水**は、久留米から筑後川の水を福岡都市圏へ取り入れ、途中に造られた**山口調整池**は、貯水の役割を果たしている。**筑後川下流用水**は、筑後平野と佐賀平野の田畑に水を供給していて、これらの水路は、水資源機構の筑後川局が管理している。

また、両平野には、「**クリーク**」と呼ばれる水路網がある。これは、農業用水を確保するため、土地改良区が管理して整備しているもので、水田のかんがいに大きく貢献している。その他、利水専用の**江川ダム**もあり、2020年、上流では、新しい水路の建設も含めた**小石原川《こいしわらがわ》ダム**も完成した。

このように、筑後川水系は、上流ではダムが造られ、中下流では、堰や水路などが造られて、治水・利水全体で、流域や福岡の人々の生活を支えているといえるだろう。

# ダムの仕事【洪水調節】

豪雨時に活躍する複数のダムを見る

## 平成27年9月関東・東北豪雨時の鬼怒川上流4ダムの連携を読み解く

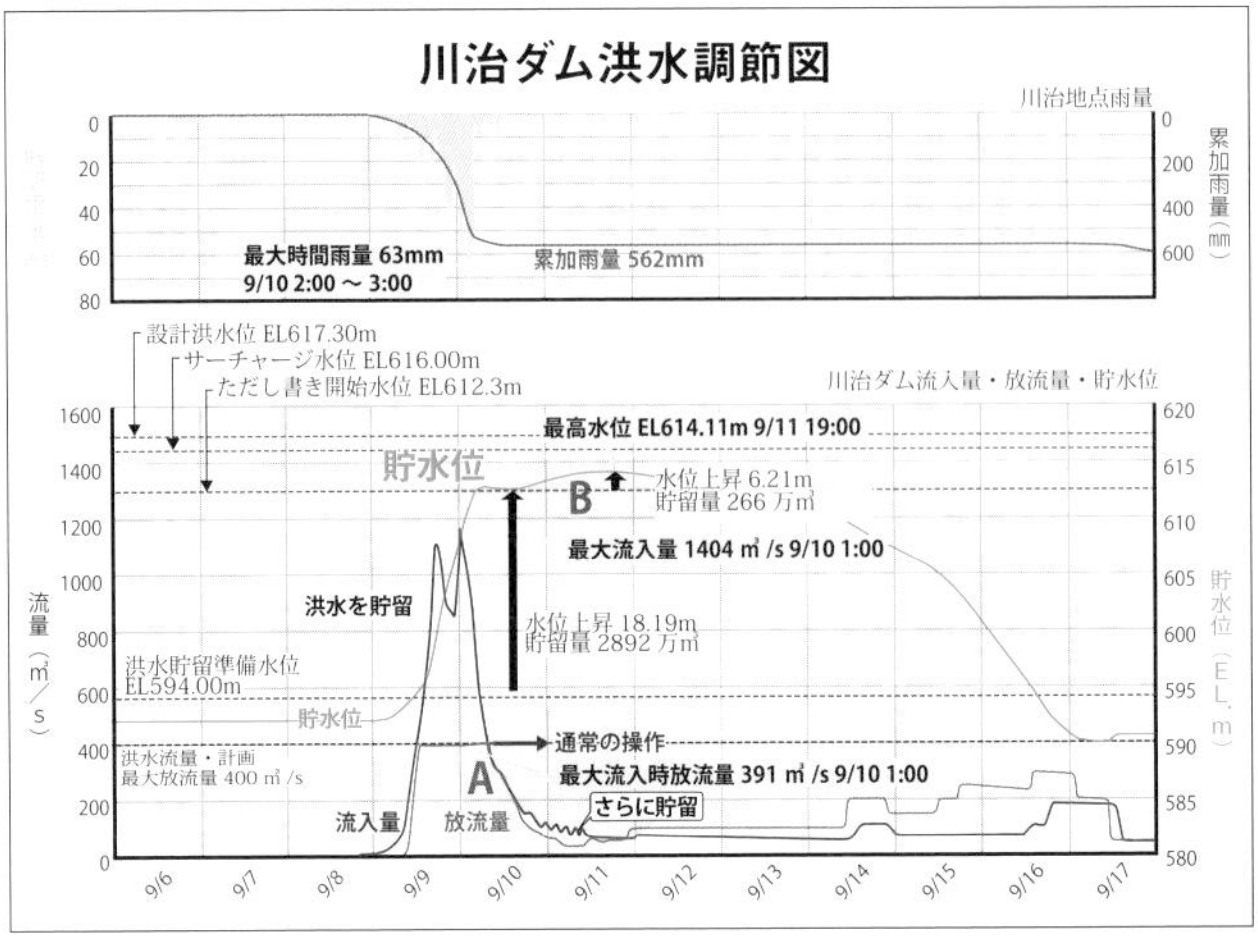

ここでは、「平成27年9月関東・東北豪雨」時における、鬼怒川上流4ダムの動きを読み解いてみよう。川治ダムは、本則操作で洪水調節を実施するも、鬼怒川下流で氾濫する可能性が出てきたため、後期放流の絞り込みによる特別防災操作へ移行する(A)。本来は放流量を維持して貯水池の水位を下げるべき所で放流量を減らした。放流量を減らした川治ダムは、その分貯水池の水位が上昇し、満水になる危険が出てきた(B)。満水になると、本来より放流量を増やす異常洪水時防災操作を行う必要があるため、鬼怒川下流のためにも避けなければならない事態となる。

### 雨量が増えたとき ダムは何をしているか

「洪水」というと、川の水が氾濫してしまう状態を想像する人が多いのではないだろうか。しかし、ダム管理における洪水は、個々のダムで設定された規定値である洪水量以上の水がダムへ流れ込んでいる状態のことを指す。洪水調節はダムへの流入量が洪水量を超えた

「川だけ地形地図」(gridscapes.net)に加筆


**星野 夕陽**

**ダム愛好家**

平成21年台風18号の名張川上流3ダム連携操作から洪水調節に興味を持ち、ダムをメインに河川防災を研究対象とする。大雨が降るとダム操作に独自の解釈を加え、昼夜問わずSNSで実況するのがライフワーク。高遠ダムのダムカード写真撮影者。川の防災情報ヘビーユーザー。

星野氏の観測システム。43インチの4Kモニタを含むマルチモニタで多数の状況を同時に閲覧する

川俣ダムは、満水になりかけている川治ダムを助けるために、後期放流の絞り込みによる特別防災操作へ移行する。貯水位に余裕がある川俣ダムは放流量を最大限抑えた。そのため川治ダムの水位上昇を最小限に抑えることができた。

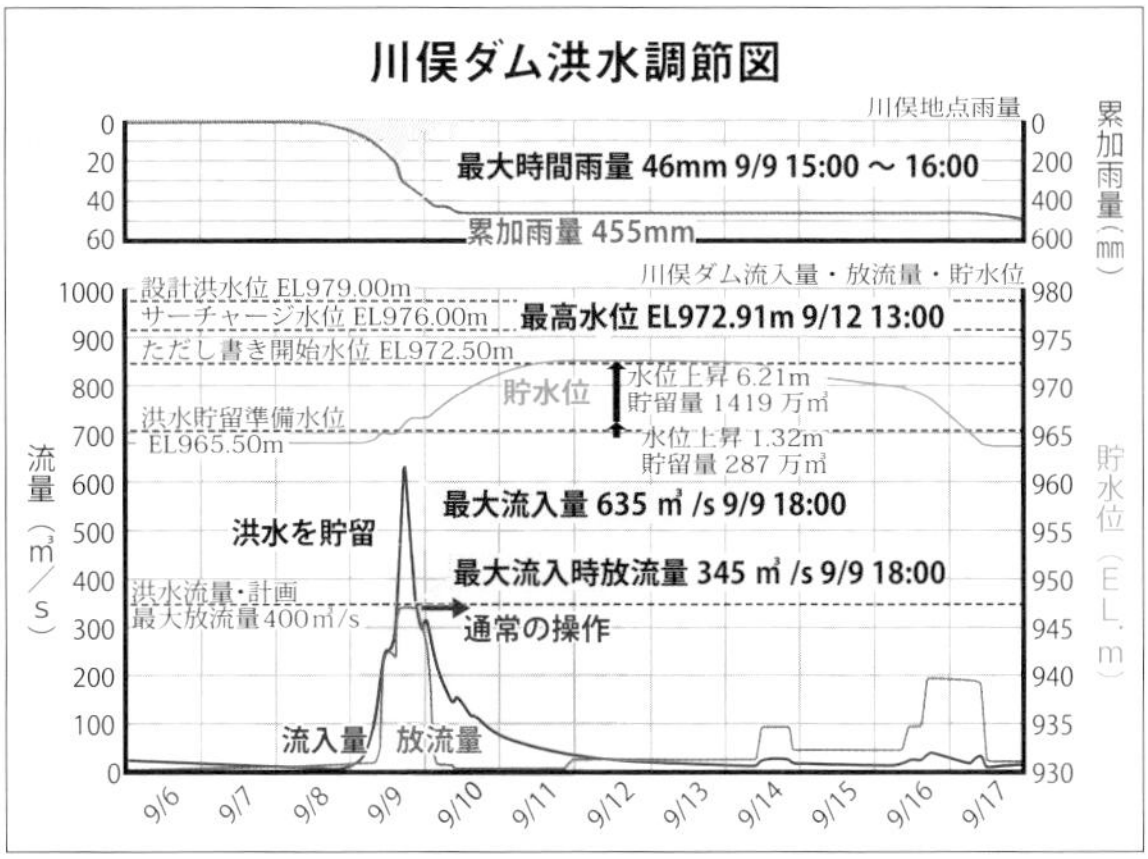

五十里ダムも川治ダムと同様に本則操作で洪水調節を実施するが、氾濫の危険性を考慮して後期放流の絞り込みによる特別防災操作へ移行する。貯水池満水まで約1.5mまで洪水を貯めて下流の氾濫を抑えた。

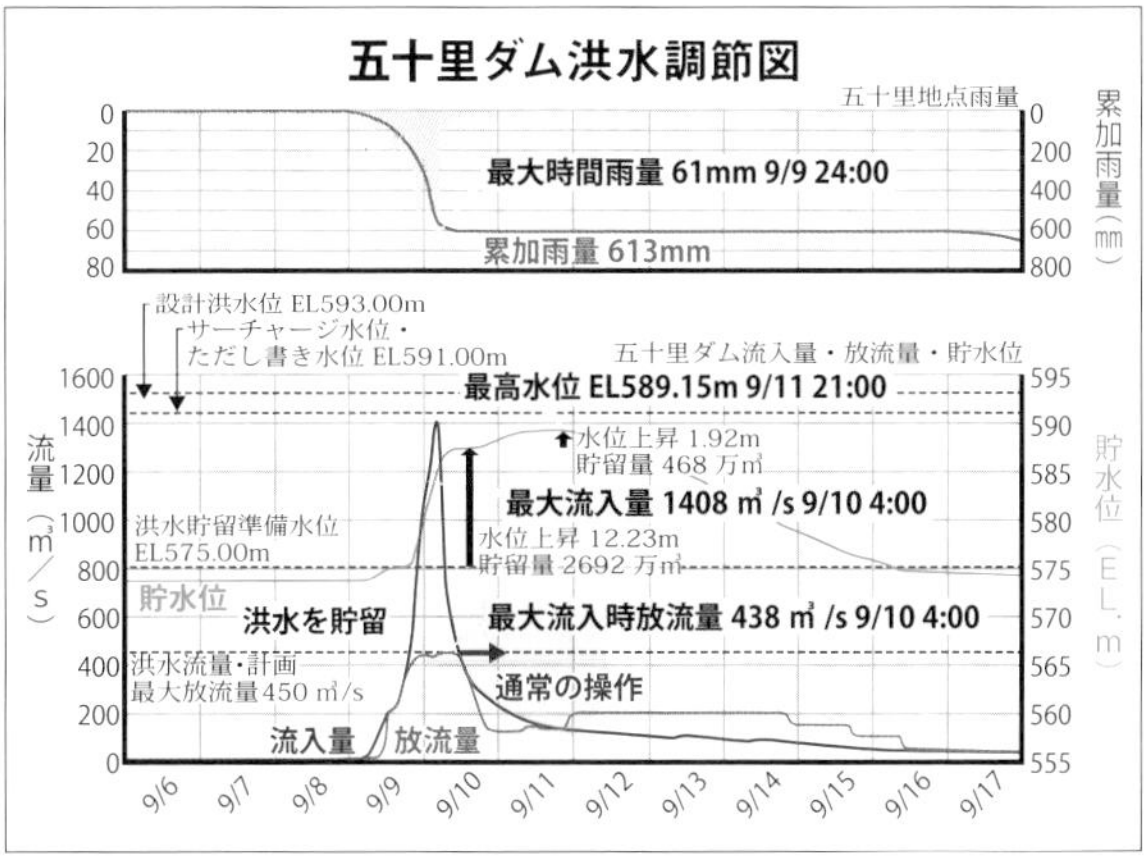

五十里ダムのすぐ上流にある湯西川ダムは、自然調節方式を採用しているため、放流量を変更できるゲートがないが、最大流入時は流入量の鬼怒川4ダムで最大の約84%の洪水を貯水池へ貯め被害軽減に寄与した。

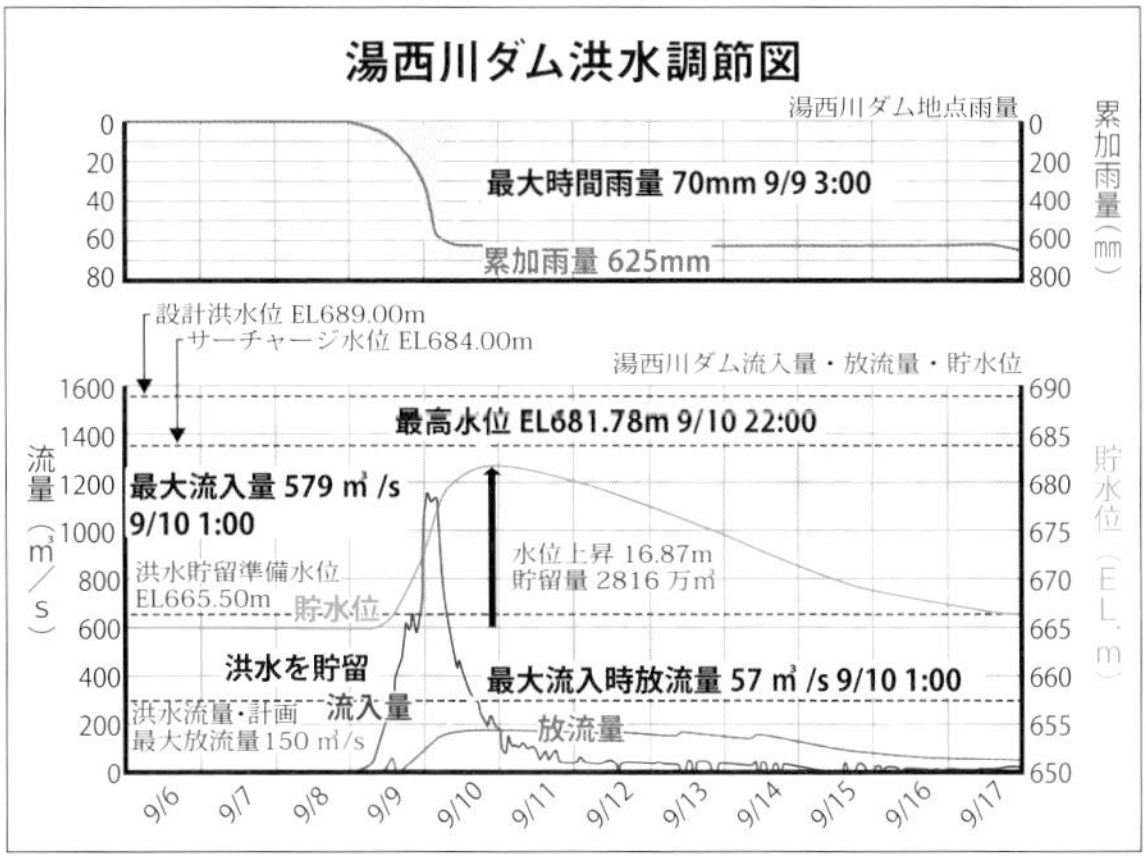


グラフは国土交通省関東地方整備局のプレスリリースを元に作成／写真は国道交通省関東地方整備局提供

ときに行われるダムによる治水活動である。

　洪水調節には操作規則という明文化されたルールが存在し、規則に従い放流量を決定し操作を実行する。もし、洪水時にダムは全ての水を貯留して一切放流していないと考えているのであれば、それは大きな誤解である。そのような操作を行うダムは約3000あるダムのうち、数基だけである。

　放流方法は主に四種類ある。洪水が終わるまで一定量の放流を継続する一定量放流方式、流入量に合わせ一定の割合で放流量を増やし上限に達したら一定量の放流を継続する一定率一定量調節方式、特定の流入量に達した時に放流量を絞る不定率調節方式（鍋底式やバケットカットとも呼ばれる）、放流口の開度を一定にして貯水位で自然と放流量が増えていく自然調節方式。

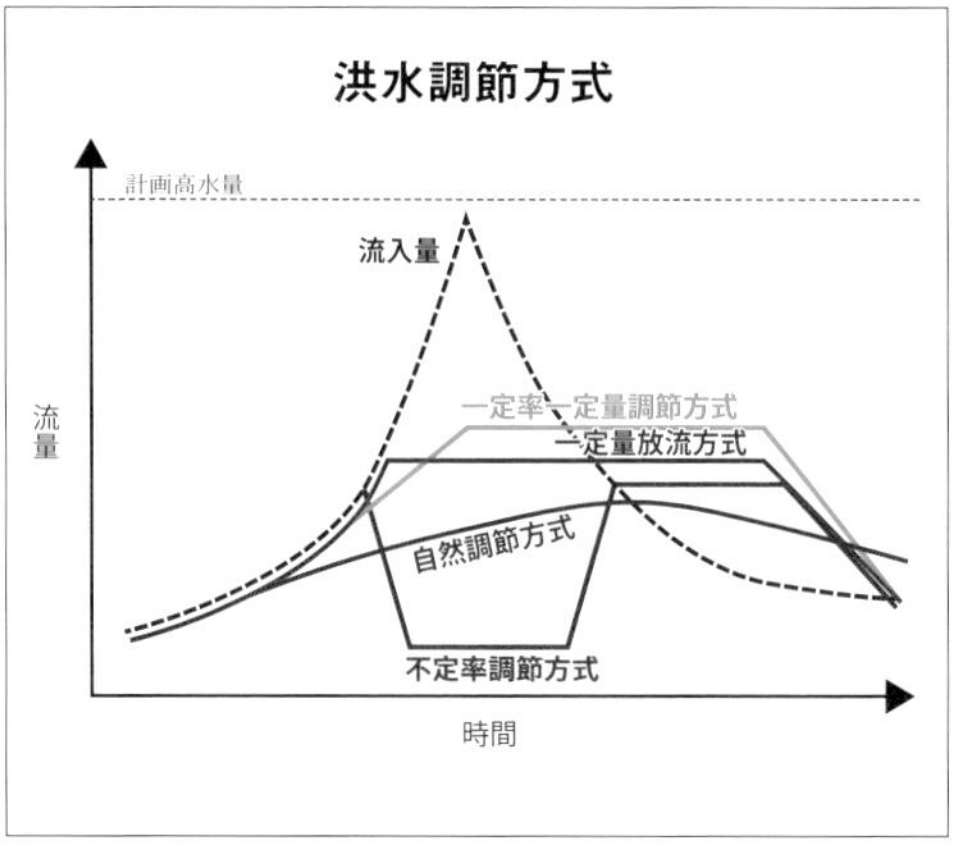


　猛烈な台風や集中豪雨等で異常な洪水が発生した場合は特別な操作が行われる場合がある。この操作は、操作規則に「ただし、気象、水象その他の状況により特に必要と認める場合」と書かれているため「ただし書き操作」と呼ばれる。大きくわけて二種類あり、ダムが満水近くなり、これ以上水を貯めることができなくなるときに行われる異常洪水時防災操作と、下流の街を守るために放流量を絞る特別防災操作だ。特別防災操作は要件をクリアしなければ実施できないため、いつでも行えるわけではない。

## 2つのグラフでダムの動きがわかる

　ダムは、常に水位を観測し、流入量と流出量を算出している。その情報はインターネットでリアルタイムで閲覧できる（「川の防災情報」など）。また、台風の後など、ダムの管理者からプレスリリースが出る。そこには、時間の経過とともに、降水量、累加雨量、流入量、放流量などがグラフで描かれていて、そこから、ダムがどういう目的をもって動いたかを読み取ることができる。

　雨量を表すグラフはハイエトグラフと呼び、流域平均雨量がミリ単位で記載される。棒グラフは1時間あたりの時間雨量、線グラフが洪水全体の累計雨量となる。雨量観測所のスポットの数字とは異なり、流域平均雨量は降った雨がダムへ流れ込む流域全体の雨量を表すため、数字だけ見ると少なく感じるが、雨量×流域面積×時間の計算で水の総量を見ると膨大な雨が降ったことがわかる。

　流量や貯水位を表すグラフはハイドログラフと呼び、赤線がダム貯水池への流入量、青線がダムからの放流量で、立法メートル毎秒単位（㎥／s）で記載される。小学校の25mプールで400〜500㎥の容量だ。流入量が放流量を上回っている間はダムで水を貯め、下流河川の水位を下げていることになる。緑線はダム貯水池の水位を表し、標高（m）で記載される。「流入量—放流量」の分だけ水を貯め、貯水位上昇という形で表れる。

　ハイエトグラフの時間雨量と連動し、ハイドログラフの流入量が増減する。ダムは流入量より少ない量を放流することで水を貯め、貯水位が上昇していく。洪水が終わっても放流量を維持して次の洪水に向けて貯水位を下げていくというのが洪水調節の流れだ。

ダムを知る

# ダムの仕事【低水管理】

## 河川に必要な水量を常時補給する

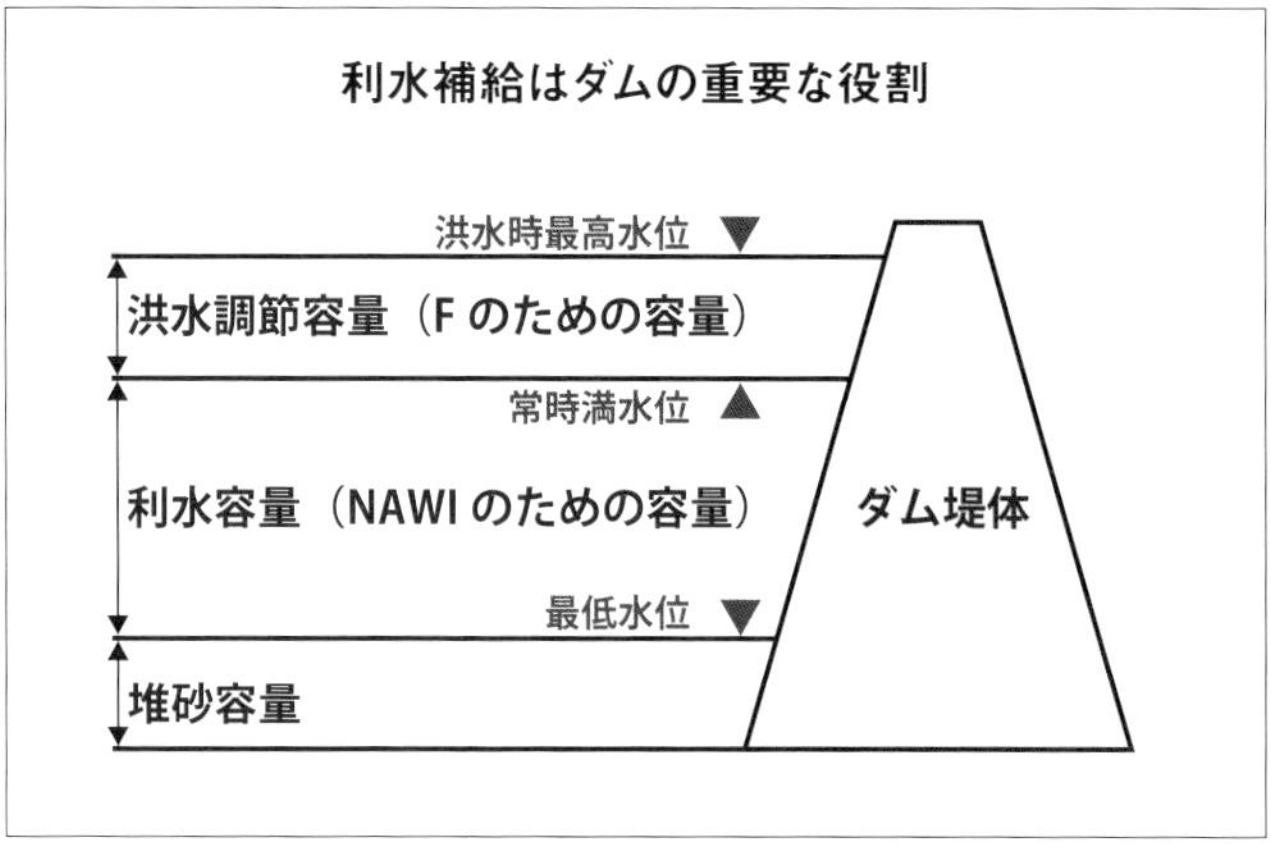


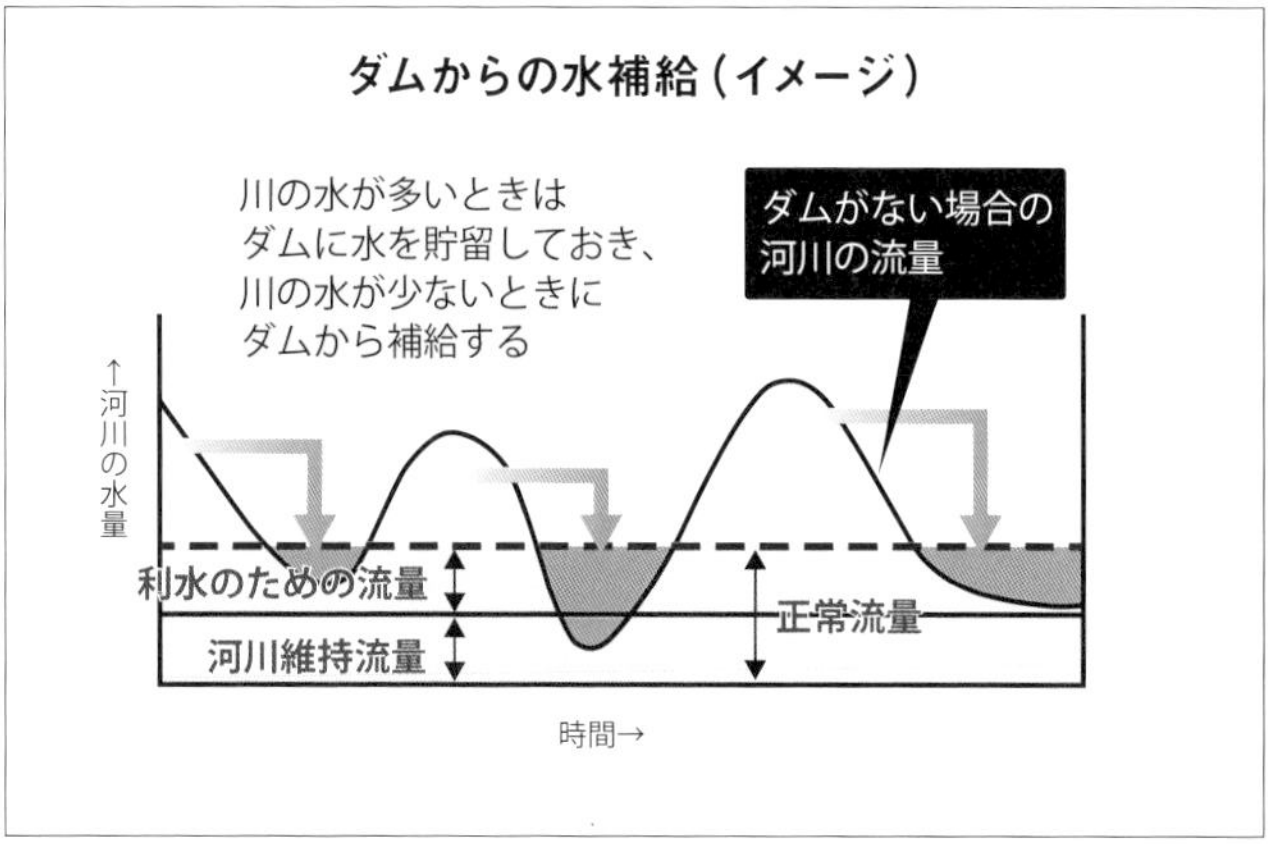


### 川に流れる水の量を常時コントロール

「低水管理」とは、川の流量変化に応じてダムからの放流量を増減して、常に必要な流量が流れるようにすることをいう。ダムの目的は21ページのとおり、さまざまなものがあるが、低水管理で関わってくるのはN（不特定用水）、A（かんがい用水）、W（上水道用水）、I（工業用水）。ものすごく大雑把に括ると、「水がほしいときに、水道の栓をひねったら、ちゃんと蛇口から水が出るようにすること」が低水管理である、といえる。

そのためにダムが（止確には、ダムを管理している人が）何をするかというと、まず、河川の水位、流量がいまどうなのか、雨量の観測、利水施設情報、短期／長期の気象情報などの情報を集める。それらの情報を元に、どれだけの水が流れるようにしたらいいのか、その水を流したときに、基準となる地点では

**夕顔**

偶然目にした浦山ダムに衝撃を受け、以降ダムを訪ねるようになる。藤原ダムに一目惚れしたおかげで、生まれ育った埼玉を捨て群馬に移住。藤原様と呼ぶことを自他ともに強要する藤原様愛好家。最近は暮らしを支えるダムの低水管理に興味を持ち、そのダイナミックさとドラマを伝えたいと考えている。

どのくらい水が流れることになるのか、などを分析・予測する。その予測の結果から、ダムから放流する必要があるかないかを判断し、必要であれば放流を決定する。そして関係機関と調整を行ったのち、ダム操作をするという流れになる。
　これらの操作は非日常的なことではなく、

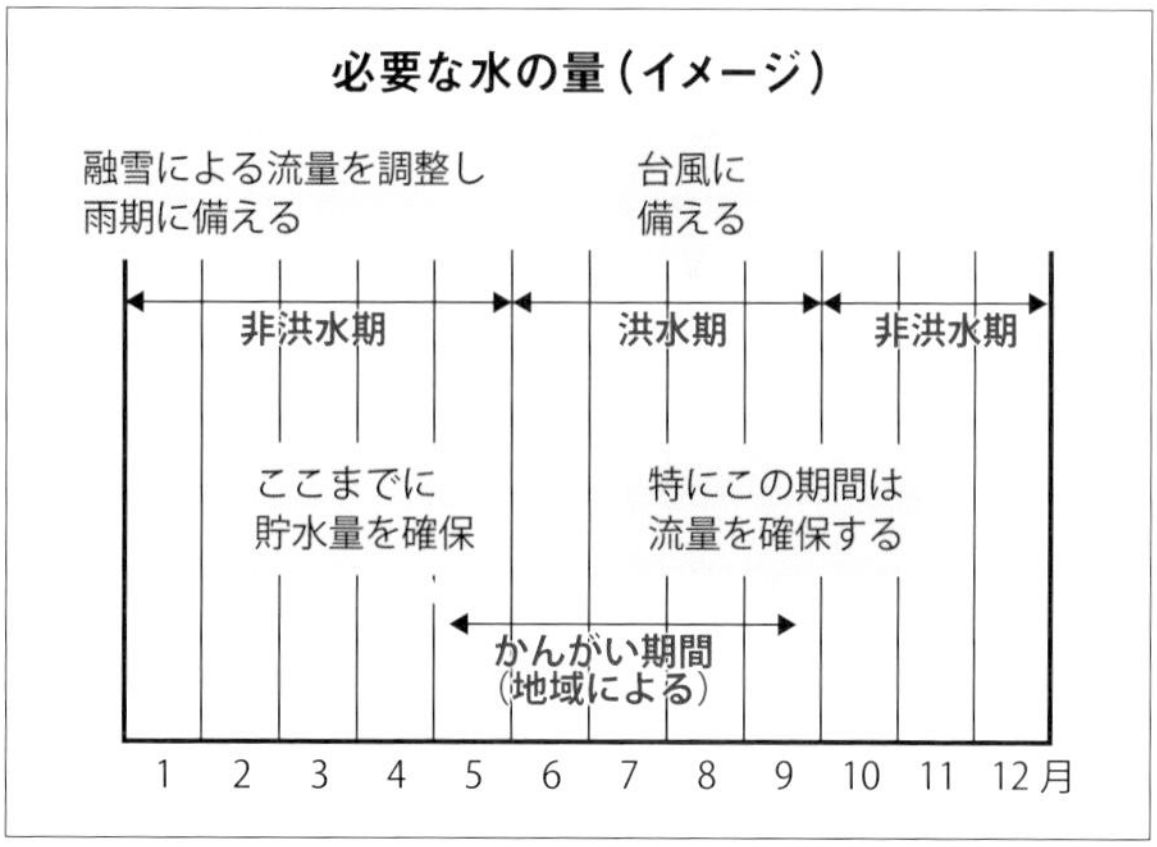


## 実例1 目屋ダム（青森県）ラストバトル

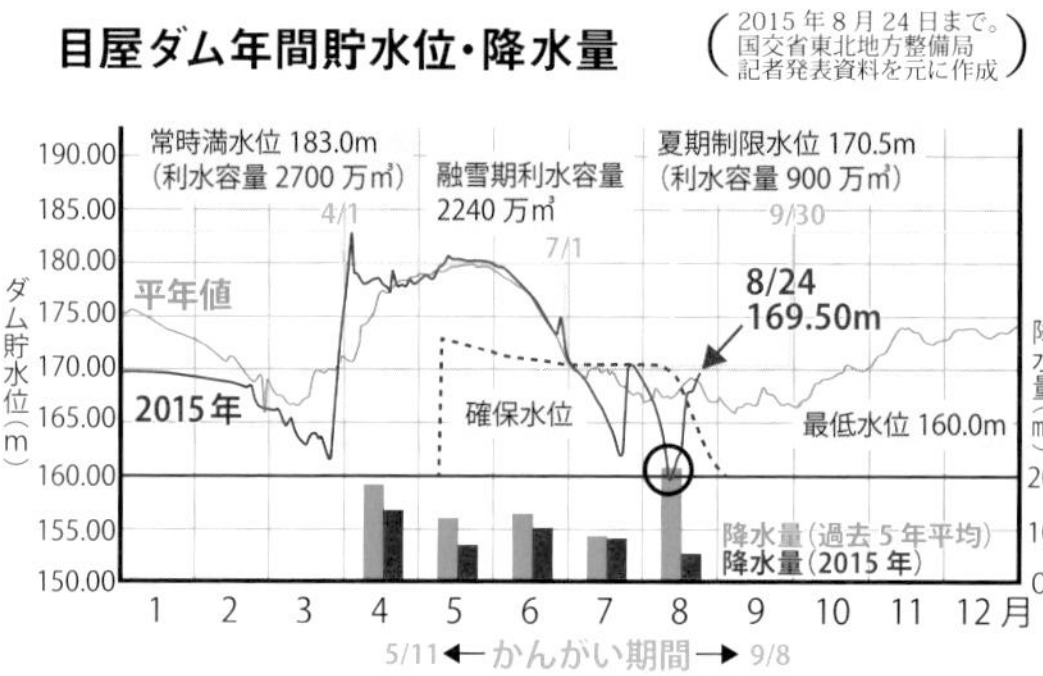

8月12日の目屋ダム緊急放流の様子

8月17日、湖底が出現した目屋ダム貯水池（写真2点とも：国土交通省東北地方整備局津軽ダム工事事務所）

2015年（平成26年）は、少雪だった上、雪解けが早かった。ダム下流の観測点では5月から流量が減少し、基準流量（常に流れているようにすると決められている量）を割ってしまった。5月は、まだ田んぼに多量の水が必要な時期である。そこで目屋ダムは、岩木川の水位を保つために放流を続けた。しかしその後の雨量が例年に比べ、極端に少なかった。

受益地である弘前市上下水道部は市民に節水を呼びかけ、一部の土地改良区では番水制（順番を決めて水を流す地区と流さない地区を作る方法で使う水を減らすこと）を実施。しかし雨は降らず、8月12日、目屋ダムは最低水位となるEL159.3mを記録。これは、目屋ダム完成後、3番目となる低水位である。この水位では通常の取水設備を使用できないので、普段は使わない放流設備を使用し、相馬ダムと連携してかんがい用水補給のための放流を行った。待望の雨が降ったのは、8月17日のこと。水位は回復し、緊急放流は終了した。津軽の水田は、目屋ダムのおかげで稲が立ち枯れすることもなく収穫を迎えた。

9月末。目屋ダムは役割を終え、その役割はすぐ下流に作られた津軽ダムに引き継がれ、津軽ダムのダム湖に沈んだ。

普段も随時行われている。つまり、水不足になったからダムの水を川に放流しているのではなく、普段から河川が一定の水量で流れることができるよう、ダムから水を補給しているということだ。そして万が一、水不足になった場合には、ダムはもっと頑張って水を補給するということになる。

水稲の立ち枯れ

水田のひび割れ

消防ポンプによる散水

低水管理が限界を超えると、農業に深刻な被害が生じる。写真は平成6年の渇水時の岩手県内の被害（写真：北上川ダム統合管理事務所）

## 実例2 胆沢ダム（岩手県）が守った「ひとめぼれ」

胆沢ダム貯水位・降水量

（2015年8月21日まで。国交省東北地方整備局記者発表資料を元に作成）

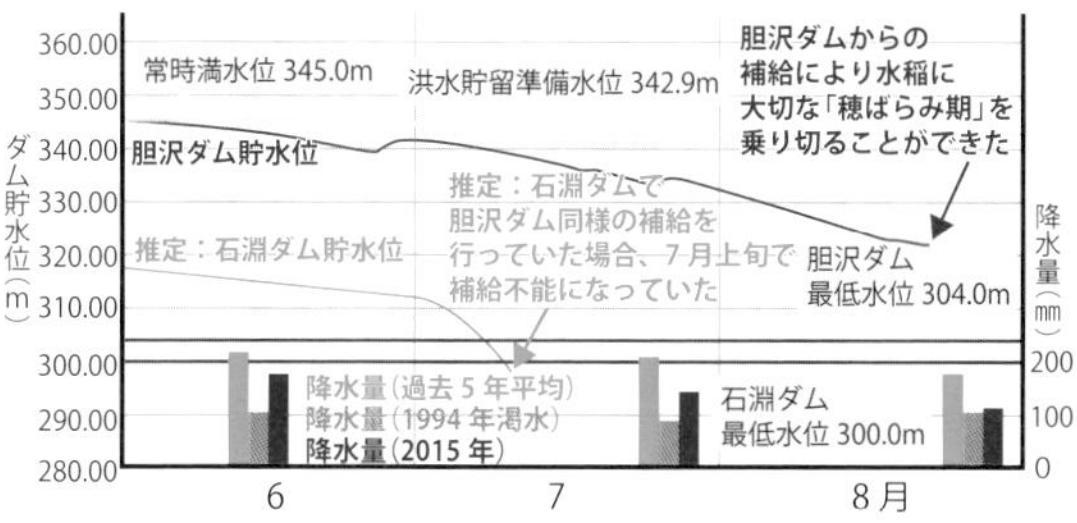

水位が低下して姿を現した旧石淵ダムの堤体（写真2点とも：北上川ダム統合管理事務所）

平成6年渇水時に干上がった石淵ダム。現在は胆沢ダムの湖底に沈んでいる

胆沢ダムは、日本最大級のロックフィルダムだ。ダム湖は「奥州湖」と名付けられている。そして現在奥州湖になっているところには、石淵ダムが眠っている。現在の胆沢ダム堤体の位置から、約2km上流だ。石淵ダムは、日本初のコンクリート遮水壁型ロックフィルダムだ。

2004年（平成6年）。その石淵ダムは、大渇水に見舞われた。ダム湖は干上がり、受益地では消防ポンプで散水するなどの対策に追われたが、それでも水稲の立ち枯れや水田のひび割れといった被害が発生した。

2015年（平成27年）、胆沢ダム流域は約20年ぶりの厳しい少雨に見舞われた。それは、平成6年の大渇水時に匹敵するものであった。しかし今回は、石淵ダムの13倍の利水容量を持つ胆沢ダムがあった。

胆沢ダムの水位は、7月1日から9月7日までの間に約20m下がったが、貯水量にはまだ余裕があった。受益地は、稲の成長でいちばん大切な穂ばらみ期を、胆沢ダムからの補給で乗り切ることができたのだ。

ダムを知る

荒川水系の浦山ダム（埼玉県秩父市）にある「うららぴあ」訪問記

# 資料館で学ぶダムの役割

## 資料館との新しい出合い

ダムの見学に行くと、いろいろな出合いがあって楽しい。もちろん、ダム本体との出合いもだが、管理事務所の方との話や、ツアーなどで出合った他の見学者の方、上流のダム湖、天端、堤体の下流、監査廊等々、ダム独自の構造を見つけたり、新たな発見をしたり、ダムカードをもらったりすると、実に楽しくなるものだ。

そんな中、資料館のあるダムに行ってみた。場所は、埼玉県の荒川水系で、秩父4ダムのひとつとして知られる浦山ダムの「うららぴあ」と名付けられた資料館だ。ダムのすぐ近くにあって、浦山ダムのことだけでなく、その歴史、周辺情報、荒川流域のこともよく知ることができる。特に、河川とのかかわり、その成り立ち、ダムの役割などを、事前に学習することができ、それからダム見学に行ってみると、これまでとは違う新しい出合い、ダムの魅力が伝わってくるように感じた。

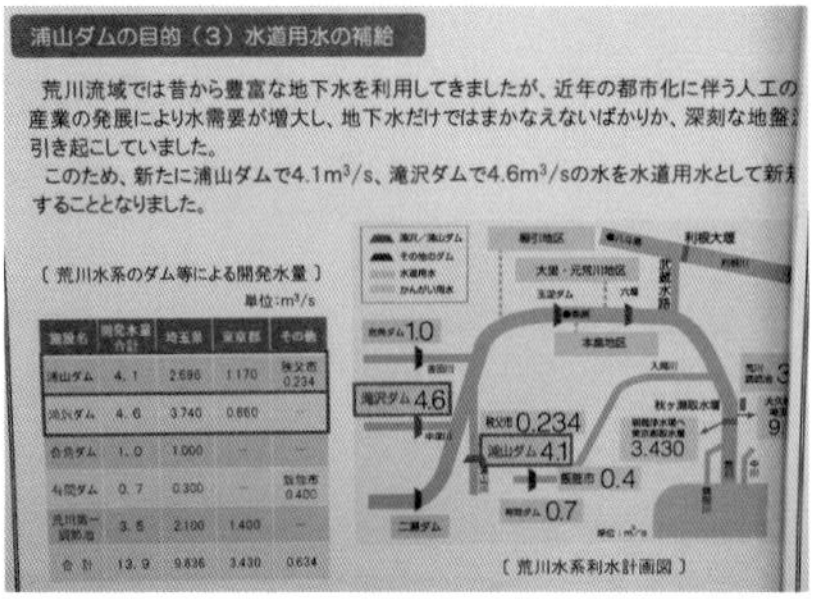

浦山ダムの目的（3）水道用水の補給
荒川流域では昔から豊富な地下水を利用してきましたが、近年の都市化に伴う人工の
産業の発展により水需要が増大し、地下水だけではまかなえないばかりか、深刻な地盤
引き起こしていました。
このため、新たに浦山ダムで4.1m³/s、滝沢ダムで4.6m³/sの水を水道用水として新
することとなりました。
〔 荒川水系のダム等による開発水量 〕
単位：m³/s
浦山ダム 4.1 2.696 1.170 秩父市 0.234
滝沢ダム 4.6 3.740 0.860
合計 13.9 9.836 3.430 0.634
滝沢ダム 4.6
秩父市 0.234
浦山ダム 4.1
0.4
0.7
3.430
利根大堰
〔 荒川水系利水計画図 〕

ダムの目的、水道用水について説明しているパネル

## 模型とパネルで分かりやすく解説

資料館内には、浦山ダムの模型が置かれていたり、パネル展示で、ダムの構造・目的・役割、荒川の歴史などを詳しく解説したりしている。模型は、ダムを下流側から見た形の堤体模型が置かれ、少しずつだが水も流れている。断面模型も置かれており、選択取水設備のメカニズムなどを解説している。

そして、「浦山ダムが守るもの」と「水をつかさどる巨大メカニズム」いうパネルでは、床にダム周辺の地図が敷かれていて、その上に土足のまま立って見ると、まるで神様の目線から下界を見下ろしているような気分になる。ここでは、洪水調節や管理用設備などを分かりやすく展示している。

パネルでは、利水・治水計画、流域概要の他、歴史などにも力を入れており、「人と荒川の移り変わり」というコーナーでは、江戸時代から明治を経て現代まで、荒川流域の歴史・文化が時代ごとに順を追って説明されている。その昔、荒川は利根川の支流であったが、約400年前に「瀬替え」という作業が行な

浦山ダム資料館「うららぴあ」の外観。入場無料で、ダムと共に一般開放されており、利用時間内であれば自由に出入りできる。この2階に、写真館もオープンした

われ、利根川と分断して荒川になったという荒川誕生の秘話もある。今では武蔵水路で利根川と再び結びついているが……。また荒川は、過去に大きな洪水を度々経験している。寛保2（1742）年の洪水では、3900人もの死者を出し、これは長瀞町の小学校に史跡として残されている。

荒川流域は、季節により雨量の差が大きく、河川勾配も急なため、調整のしにくい川だという。そのため、洪水だけでなく、渇水も度々起きている。そんな荒川だが、流域文化は、古くから山岳信仰や仏教の霊地、文化の要路として発展し、数多くの伝統行事が今に伝わっている。

## ミニシアターや写真館も設置

館内には、ミニシアターも設置され、荒川の歴史や風景などが上映され、周辺の歴史や情景に触れることができる。さらに、ダム建設時の動画などもあり、パネル展示と加えて、荒川の過去と現在を体験できるといった感じだ。

その他、「水資源機構のしくみ」では、水資源機構が管理する全国のダム一覧や、建設中のダム情報も掲げられている。浦山ダムの航空写真も展示され、今の様子や建設中の様子が分かったりと、いろいろな発見が続いていく。浦山発電所を紹介する展示コーナーもあり、発電の構成や仕組みも理解できるようになっている。

浦山ダムは、国交省が推進している「地域に開かれたダム」に指定されており、都市型ダムとして秩父市と連携し、さまざまなイベントや交流を通じて、地域の活性化に取り組んでいる。2016年には、「うららぴあ」内に、Webサイトに新設された「ダム博物館」の分館として、その第1号となる写真館もオープンし、注目を集めている。天端やダム湖も見どころも満載で、今後もますますその魅力を高めていくに違いない。

ダム見学をする際には、もし、近くに資料館を見つけたら、まず、そこで事前学習して、本体見学へ行くことをお薦めしたい。あるいは、資料館を備えたダムを先に探してから、学習・見学をするのもいいかもしれない。きっと、楽しさも倍増することだろう。

床一面に敷かれた浦山ダム周辺の地図。パネルでは、ダムの役割や構造を説明している

（上）ダムの天端から下流を見下ろす。圧倒的な落差は迫力満点
（下）ダム湖は「秩父さくら湖」と名付けられている。荒川と桜は縁が深く、中下流には、数多くの桜の名所があり、アメリカのポトマック川とは姉妹河川の提携をしている

http://www.dammaps.jp/

## ダムはどこにいくつある？ ダムカードは？
# 一目瞭然！DamMaps

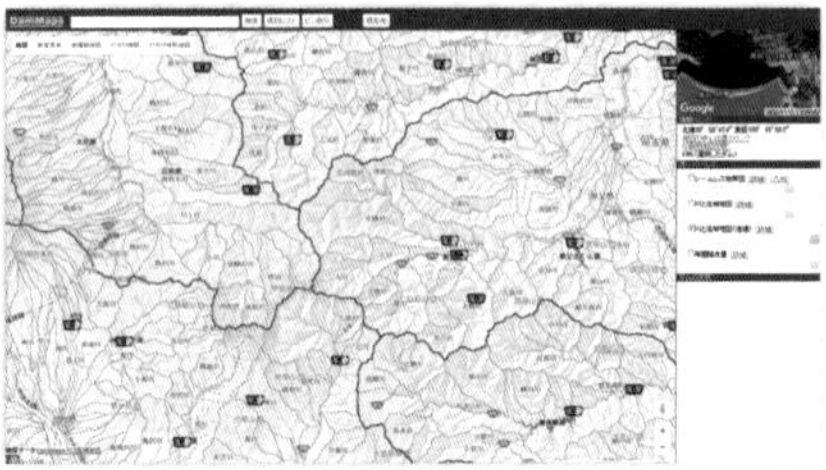

地図（デフォルト）
航空写真
地理院地図
川だけ地図

**川だけ地形地図**
gridscapes.netが提供する地図タイルを使用した、地形の陰影と水系だけが描かれた美しい地図

**川と流域地図**
国土交通省が提供するデータを元に高根氏が作成した、分水界がわかる地図。「川だけ地形地図」と併用すると見やすい

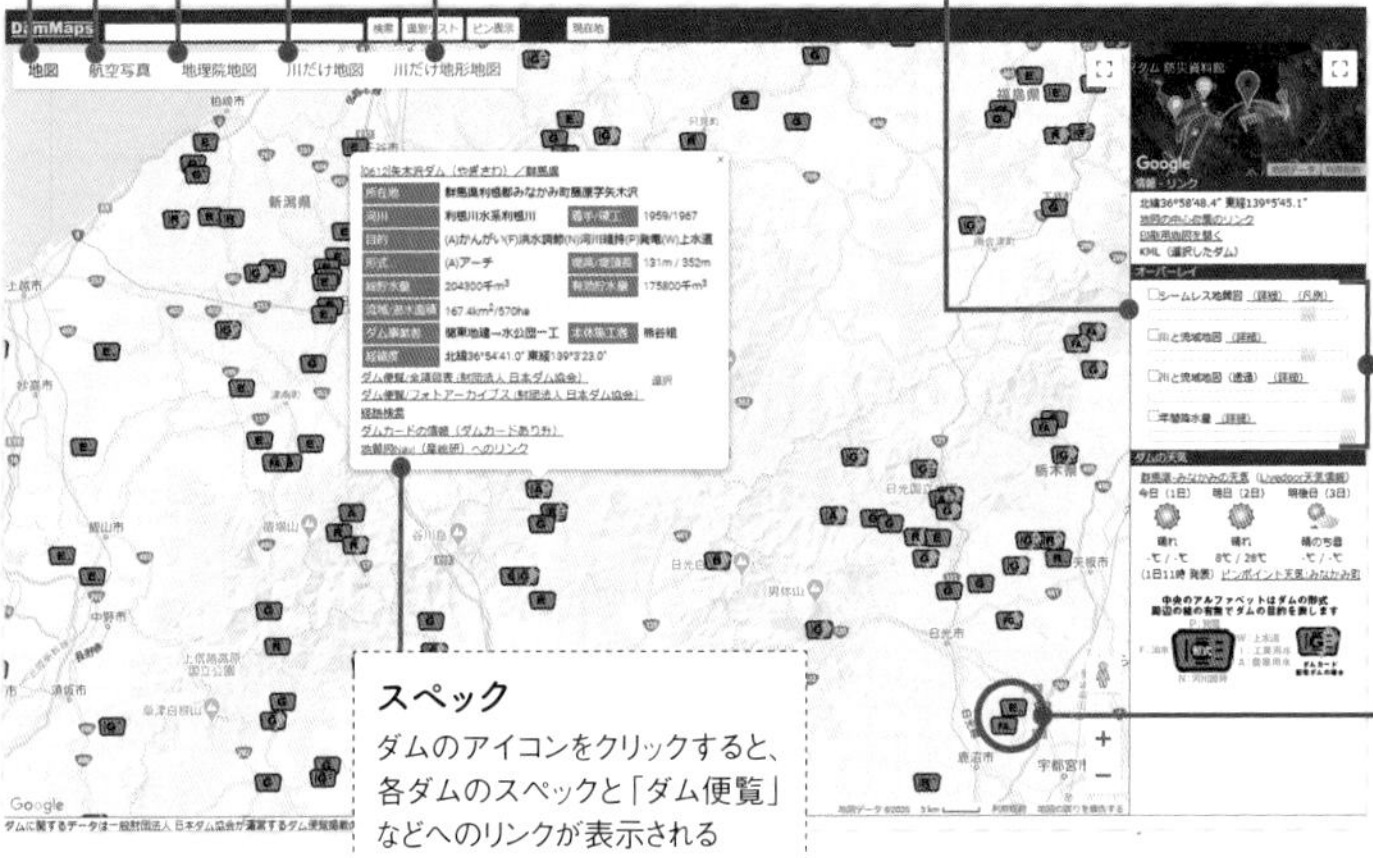


地質や年間降水量などの各種情報を透過量を調整しながら重ねることができる

**ダムのアイコン**
Gは重力式コンクリート、Aはアーチ…など、一目で形式がわかる。周辺の線はダムの目的。アイコン右側にグレーの四角があると、ダムカードあり

**スペック**
ダムのアイコンをクリックすると、各ダムのスペックと「ダム便覧」などへのリンクが表示される

**ダムカードあり ☑**

クリックすると、県別にダムカード配布ダム、配布場所、配布日時などの一覧が表示される

「いま、○○県の△△川沿いにいる。近くにダムは…」出先で、そんな探し方をしたことがある方は多いだろう。そんなときにはこの、高根たかね氏が運営するDamMaps。どの川沿いに、どんな形式のダムがあるかが一目で分かる。ダムのデータは一般財団法人日本ダム協会が運営するダム便覧のデータに基づいたものだ。各ダムのアイコンをクリックすると、そこにはダムの基本スペックとさまざまなリンクがあり、ダムカードの有無まで分かる。

地図のデフォルトはグーグルマップだが、各種地図を重ね合わせることができる。ダムは堤体だけが存在するわけではなく、「水系」として存在している。それがよく理解できる作りになっており、眺めているとすぐに時間が経ってしまうあまりに魅力的な地図だ。

協力：高根たかね

http://dokodam.dammaps.jp/

# 計画のある・あった場所、任意の場所…
# 造ってみよう！ どこでもダム

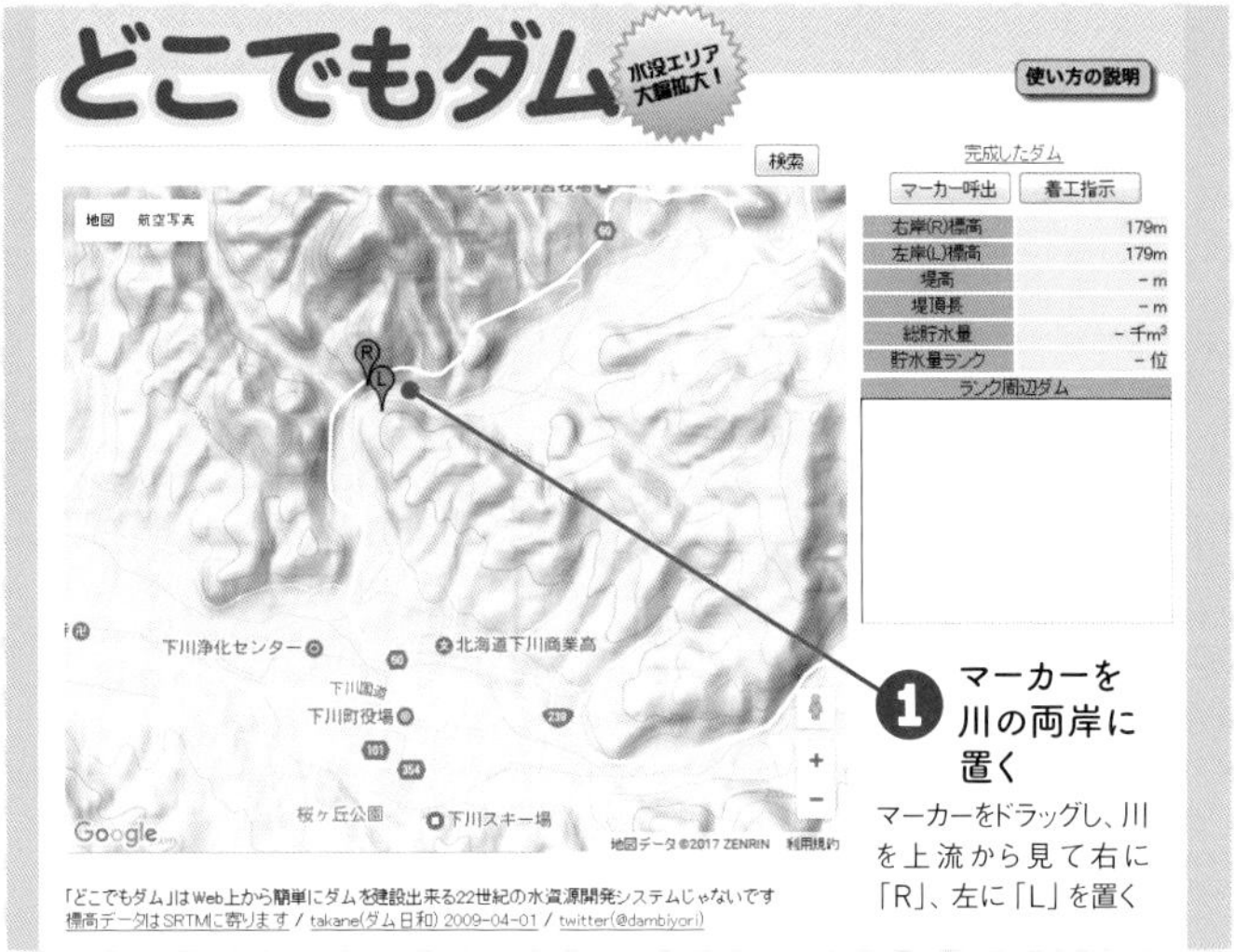


❶ マーカーを川の両岸に置く

マーカーをドラッグし、川を上流から見て右に「R」、左に「L」を置く

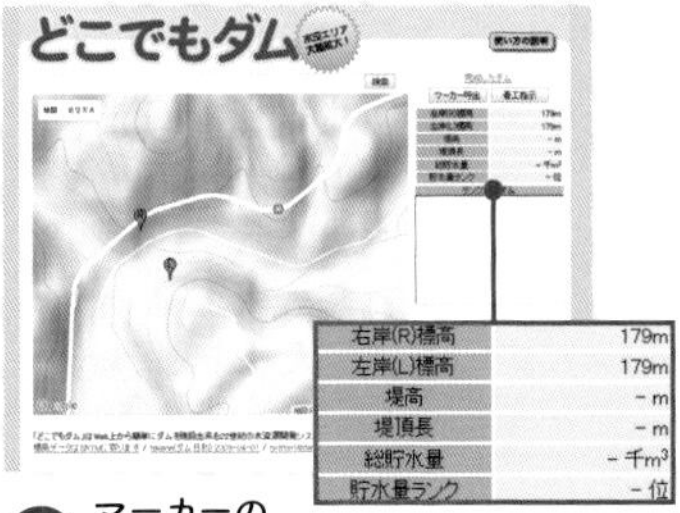


❷ マーカーの位置を微調整

標高を見ながら、任意の位置に置く。
左右で標高が異なるときは低い方が基準となる

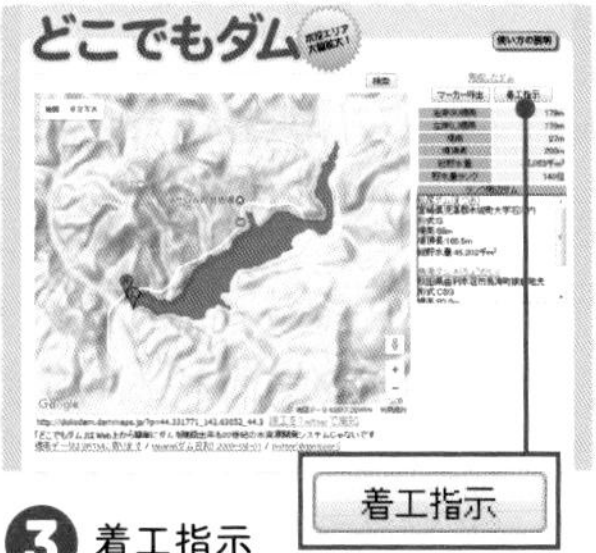


❸ 着工指示

このボタンを押すと、上流に水が貯まるぞ！

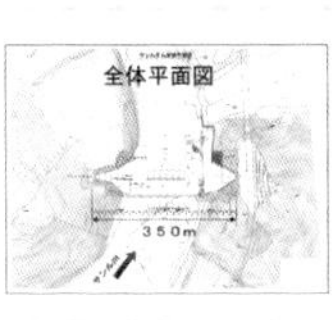

「サンルダム建設事業に関する説明会」資料（北海道開発局旭川開発建設部サンルダム建設事業所）より

谷が狭く深い場所で「ここ、ダム造れるのでは…?」などと妄想したことがあるでしょう。そんな妄想を地図上で実現するサイト。世界のどこでもダムをシミュレートできる。制作は高根たかねさんだ。

ここでは、北海道で建設中のサンルダムをシミュレートしてみた。国交省のサイトにあるPDFで堤体の位置、サーチャージ水位（179m）を調べ、実際に堤体が建設される予定の地にマーカーを置いて「着工」してみると、❸のとおり、国交省の予想図と非常に近い形になった。多少の誤差があるのは、標高データの精度のためだ。

かつて計画があったけれども中止となったダムでは、果たしてどれだけの地域がダム湖に沈むはずだったのか考えたり、勝手にダムを造って、道路や鉄道はどう移設しようかという妄想をしたり。いろいろな遊び方ができるサイトだ。

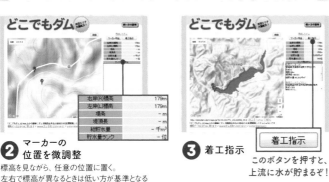

ダムを知る

# ダムの建設工程を見る

## 長い年月をかけて、ダムはどのように造られるのか

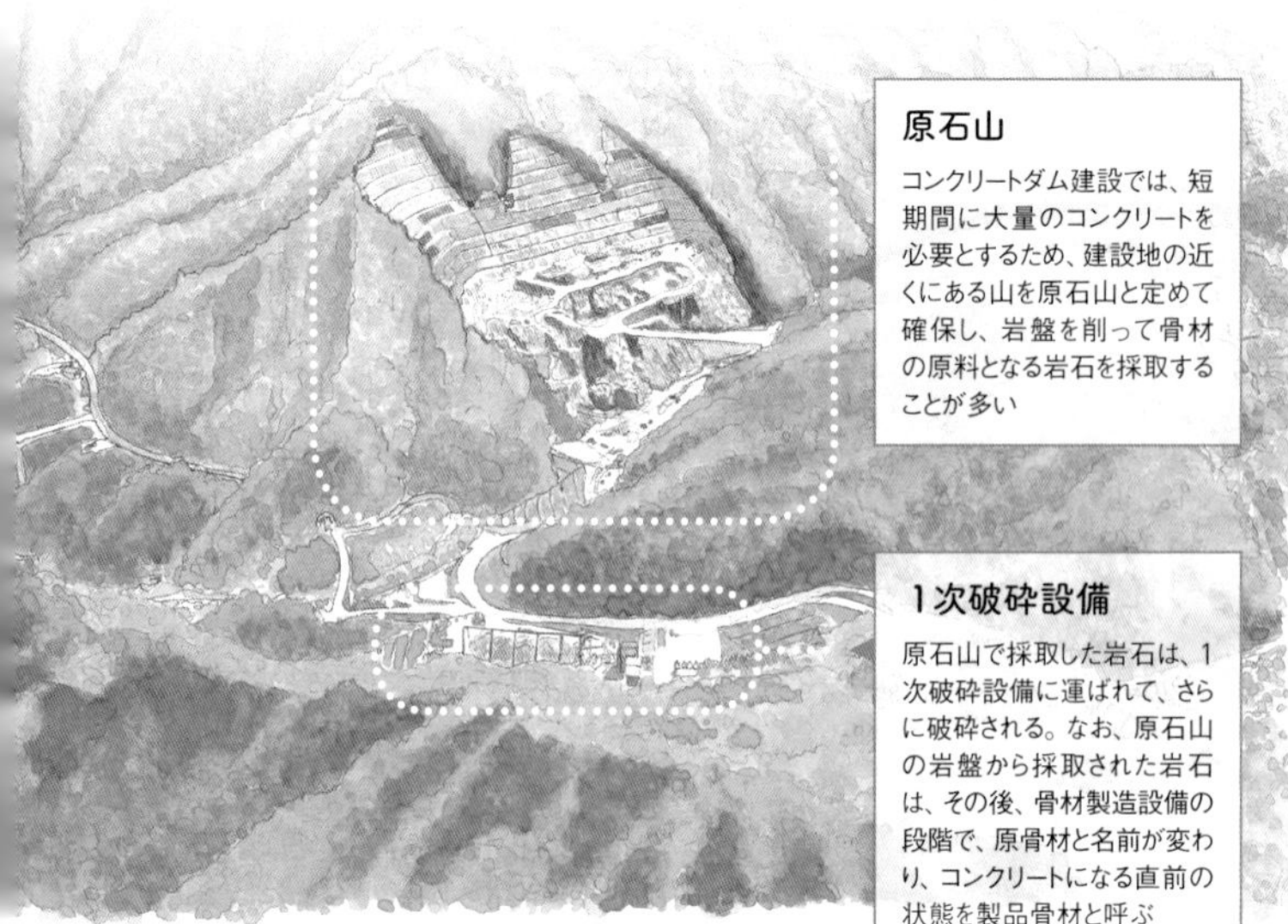
原石山
コンクリートダム建設では、短期間に大量のコンクリートを必要とするため、建設地の近くにある山を原石山と定めて確保し、岩盤を削って骨材の原料となる岩石を採取することが多い
1次破砕設備
原石山で採取した岩石は、1次破砕設備に運ばれて、さらに破砕される。なお、原石山の岩盤から採取された岩石は、その後、骨材製造設備の段階で、原骨材と名前が変わり、コンクリートになる直前の状態を製品骨材と呼ぶ

骨材製造設備
この中には、骨材洗浄設備や2次破砕設備が設置され、最後に、製品骨材貯蔵ビンに貯えられる。骨材製造設備の大部分は建物で覆われているが、これは、製造中に発生する騒音や粉塵を外に出さないためである

### ダムが完成するまでには、どれくらいの年数がかかるのか?

構造物の建設というと、大概は着工から竣工までを思い浮かべるだろう。だが、ダムの場合は違う。自然に囲まれた山奥が主な建設場所であり、そこに巨大な建造物を造らねばならず、岩盤や地質調査、地域との交渉なども必要となる。したがって、計画・立案はもとより、調査段階から着工に至るまでには、長い時間が費やされることになる。

一般的には、計画・立案から地質調査、住民説明などに5〜10年、川を迂回させたり、資材を運搬する道路を造るのに約10年、資材を確保し、現場で働くための設備を造り、山や川を掘削・整備する作業に5〜10年と、周辺環境によっても変わってくるが、ダム本体を建設する前までだけで、20〜30年を要する場合が多い。こうして、ようやく

参照:「コンクリートダムができるまで」(企画監修・国土交通省東北地方整備局長井ダム工事事務所)
イラスト:アトリエ百秋　資料提供:㈱安藤・間　東北支店

**基礎掘削**

山の斜面を大型のバックホーやブルドーザーを用いて、スイッチバック方式で頂部に登り、山を削りながら下山していく。なお、バックホーとは、油圧ショベルと称される建設機械のうち、ショベルをオペレータ側向きに取り付けたものをいう

ダム本体の建設になるわけだが、着工から竣工、稼働するまでに5〜10年。ダムの大きさにもよるが、すべての工程を入れると、実に30〜50年もかかる計算となる。

## 建設予定地で調査を実施

ダムの建設計画が発表されて実行に移る際、最初に行われるのは、**「予備調査」**だ。建設予定地において、過去の洪水・渇水・水需要などを調査し、ダムの設置位置や型式を決定する。次に**「現地調査」**が行われ、設計条件の確認、環境アセスメント、概略設計などを実施する。続いて、**「調査横坑」**を掘り、岩盤を調査し、地質確認を行う。これらの調査が終わると、ダム建設に伴う移転・用地補償など、さまざまな交渉を進める**「住民説明会」**などが開催される。

## 転流工から設備設置まで

さて、前段階の調査を終えると、いよいよ建設の準備だ。建設地点から水をなくさなければダムは造れない。そのため、川の流れを一時的に変えることを**「転流工」**という。この時に、水を下流にまで迂回させるトンネル**「堤外仮排水路」**を掘り、川を排水路の手前で堰き止めて、排水路の方に水を流し、建設地点に水が流れないようにするのである。また、建設に使うコンクリートは、大量の**「骨材」**を必要とし、この原料を近くの山を削って採取するのだが、この山を**「原石山」**と呼ぶ。骨材の原料となる岩石は、トラックで運べる程度の大きさに小さく砕かれるが、このための設備として、**「1次破砕設備」**が設置され、骨材を製造する工場である**「骨材製造設備」**も設置される。

骨材が貯えられると、セメントと混ぜてコンクリート製造となるわけだが、この製造設備は、一定の容量（バッチ）ごとに計算して練り混ぜるので、**「バッチャープラント」**と呼ばれることが多い。コンクリート製造設備には、回転式シュート、計量器、ミキサー、セメントサイロ、水タンクなど、多くの装置があり、これらを配置して準備が整えられる。

製造されたコンクリートは、堤体を造る場所まで運び込まれるが、そのための運搬設備も設置しなければならない。一般的には、**「インクライン」**をはじめ、ダムの両岸にワイヤーを渡して吊り上げる**「ケーブルクレーン」**、マストと呼ばれる柱を継ぎ足して上げていく**「タワークレーン」**などが用いられてきた。最近では、**「テルハ型クレーン」**という新しいクレーンも登場している。

## 基礎掘削から検査・改良まで

製造設備が整えられた後は、**「基礎掘削」**が実施される。ダムをしっかりした岩盤の上に造るため、余分な土や弱い岩を取り除く作業だ。掘削の前には、山中の**「測量」**をし、山林から木を切り倒す**「伐採」**が行われ、整然と山を削り取るための**「丁**

**岩盤検査**

地質状況を細かく調査して、地質ごとの分布状況や岩盤の良し悪しの判定、割れ目や岩盤の風化している程度などをスケッチする

**丁張り**

測量と伐採が行なわれた後、規則正しく整然と山を削り取るため、丁張りという目印が立てられる。定規のような板を掘削する斜面の位置に建て、その傾きに合わせて掘削する

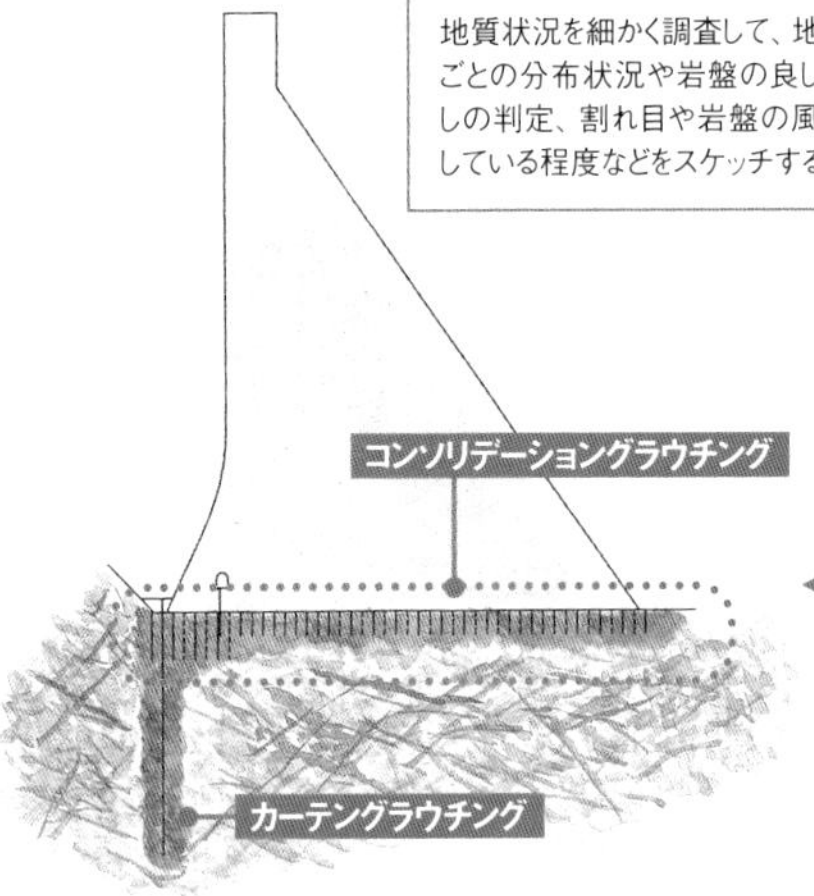


**グラウチング**

岩盤は、亀裂や断層が原因となって漏水する恐れがある。これを防ぐため、グラウチングというセメントミルク（セメントと水を混ぜたもの）を注入する方法で、細かな亀裂を埋める作業を行っている。コンクリートダムでは、基礎岩盤表面（深さ5～10mほど）にセメントミルクを流し込む「コンソリデーショングラウチング」と、直下の岩盤にカーテン状にボーリングして注入する「カーテングラウチング」のふたつの方法がある

**張り」**という目印が立てられる。掘削は、ブルドーザーなどの大型重機械で、パイロット道路という稲妻型の道を切り開きながら山の頂部に登り、山を削りながら下山していく。重機械は巨大なので、分解された状態で工場から届き、現地で再び組み立てて稼働させているものもある。

基礎掘削が終わると、地質状況や基礎岩盤を細かく調査する**「岩盤検査」**が実施される。想定外の断層はないか、問題となるような弱部は存在していないか、強度は大丈夫かなどを念入りにチェックするのだ。局部的に対処が必要な場合は、その部分をコンクリートで置き換えるなどの処置が取られることもある。

岩盤検査をしても、岩盤奥の亀裂や断層が原因となって、漏水が起こる可能性がある。これを防ぐために、ボーリング（削孔）してセメントミルクを注入する**「グラウチング」**という補強により、細かな亀裂を埋めている。コンクリートダムの場合は、基礎岩盤に接する広く浅い範囲の**「コンソリデーショングラウチング」**と、ダム直上流の基礎岩盤にカーテン状に施工する**「カーテングラウチング」**のふたつの工法が取られる。これにより、岩盤の一体性と水密性が確保できる。

最後に、岩盤表面部分のみを削る**「仕上げ掘削」**、付着した土砂や割れ目に挟まれていた粘土などを洗い落とす**「岩盤清掃」**をして、基礎岩盤の検査と改良は終了となる。

## コンクリート用骨材の製造

実際の建設に移る前の準備や検査が一段落すると、遂に、コンクリートを造るための骨材製造へと動き出す。設備設置の時に、骨材採取の山と決めた原石山で、岩盤を露出させる**「表土掘削」**に着手し、コンクリート用骨材として使用可能かどうか判定するのだ。運搬は基礎掘削と同じように、パイロット道路

### サージパイル

製品骨材製造の運転状況と、コンクリート打設の量とのバランスを見ながら、安定供給をするため、ここに原骨材を大量にストックする

### 仕上げ掘削

基礎掘削で生じた緩みや割れ目を取り除くため、岩盤表面を50cmほど、さらに掘削する。これを仕上げ掘削というが、表面の弱っている部分などは、人力で丁寧に削り取っている

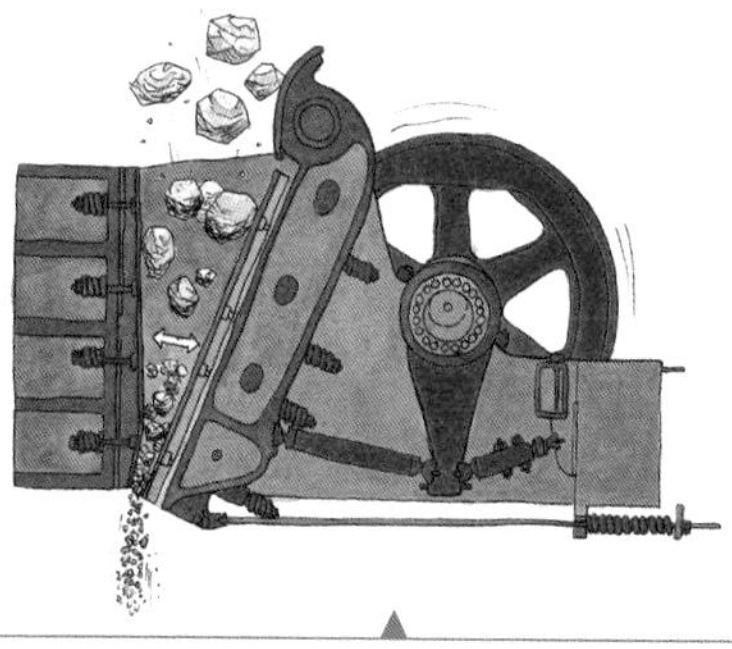

### ジョークラッシャー

グリズリを通過してきた岩石を、あごのような動きをするクラッシャーで、さらに破砕する。固定あごと振動あごの間に岩石を投入して、あごの前進・後退によって岩石を破砕するという構造だ。このジョークラッシャーは、その名のとおり、S・スピルバーグ監督の映画「ジョーズ」から付けられたものだ

### グリズリ

重ダンプで運ばれてきた岩石は、グリズリと呼ばれる大きな格子（ふるい）のついた投入口に入れて通過させる。なお、このグリズリとは、熊のことではなくて、グリ（大きな粒）とズリ（小さな粒）から、その名が付いたとされる

を通し、重機を登坂させる。掘削方法は、孔を掘り、そこに火薬を詰めて爆破（通称発破《はっぱ》）させる**「ベンチカット工法」**を用いる。発破して採取した岩石は、硬くて良質なほど大塊なので、小さくする小割・整形を経て、集積され、使用可能な岩石を選別して、次の工程へと進む。

選別された岩石は、**「1次破砕設備」**に運ばれ、**「グリズリ」**と呼ばれる大きな格子（ふるい）の付いた投入口に入れられ、ふるい落とされた塊を、**「ジョークラッシャー」**という破砕装置を用いて砕かれる。砕いた岩石は原骨材と呼ばれ、**「サージパイル」**に貯められ、使用する量のバランスを取りながら**「骨材製造設備」**に運ばれる。原骨材に付いていた泥や粘土は**「骨材洗浄装置」**で洗い流し、サイズ別に分け、さらに大きいものを**「コーンクラッシャー」**などで砕いて製品骨材となり、**「製品骨材貯蔵ビン」**に貯蔵される。

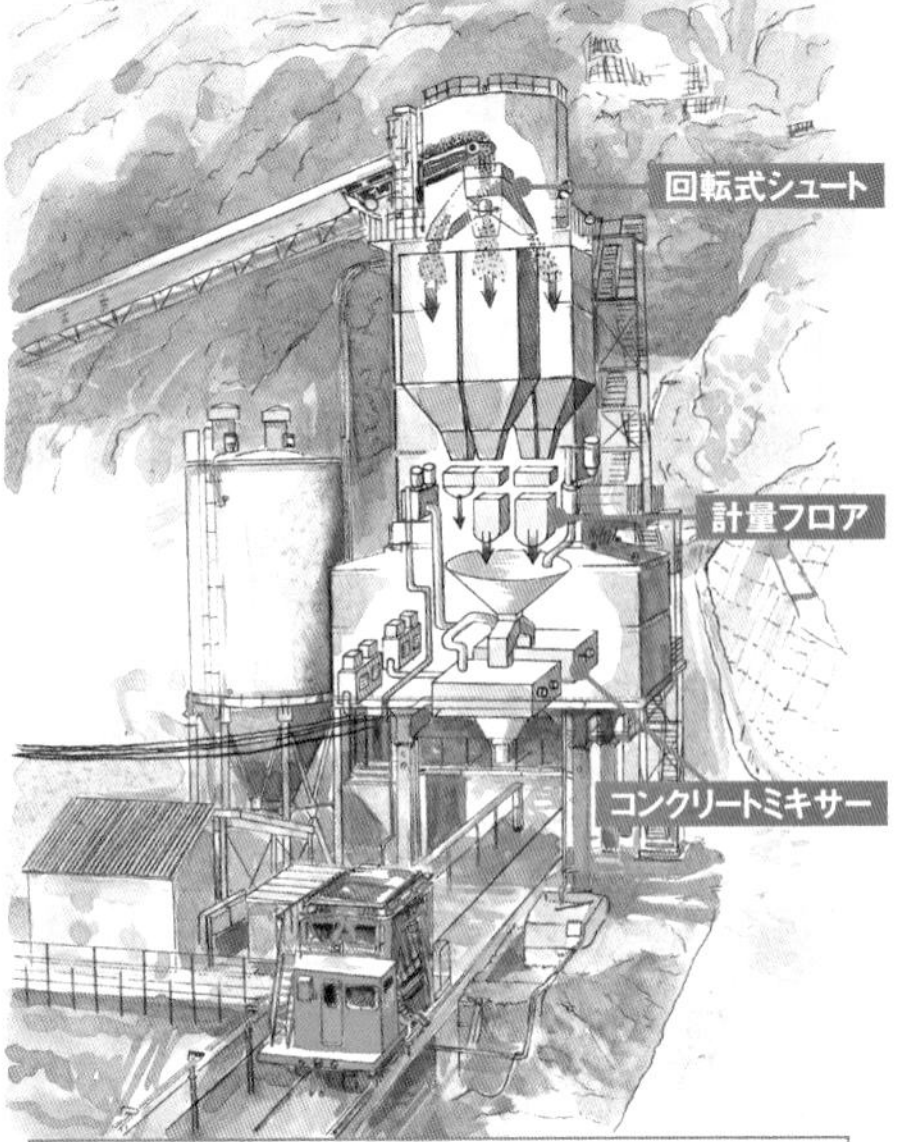


### バッチャープラント

コンクリートを製造する設備を「バッチャープラント」と呼ぶ。プラントの構造は階層状になっており、上から順に、製品骨材を投入する回転式シュート、骨材・セメント・水等を計量するフロア、コンクリートミキサーのフロアとなっている。ちなみに、コンクリートとは、セメント・水・砂・砂利（骨材）を混ぜたもので、モルタルは、セメント・水・砂を混ぜたもの、セメントミルク（ペースト）は、セメント・水を混ぜたものである

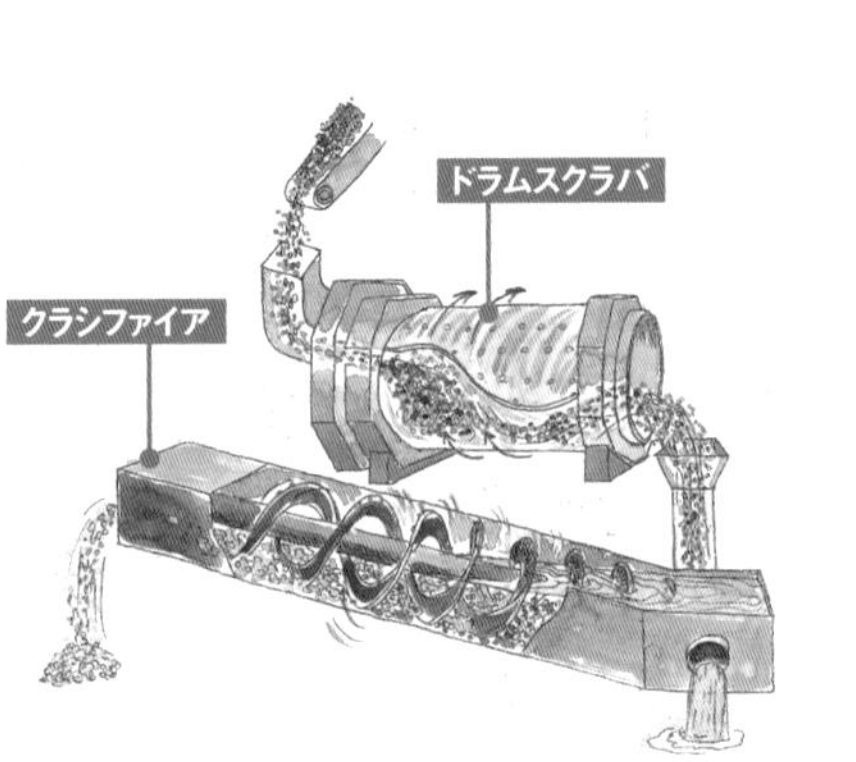


### 骨材製造装置

サージパイルから運ばれてきた原骨材は、まず、ドラムスクラバという骨材専用の洗濯機で、泥や粘土を洗い流す。見た目は、まさしく横型の洗濯機だが、その大きさはケタ違いに大きい。洗った後は、クラシファイアという装置で骨材と洗い水を分けている

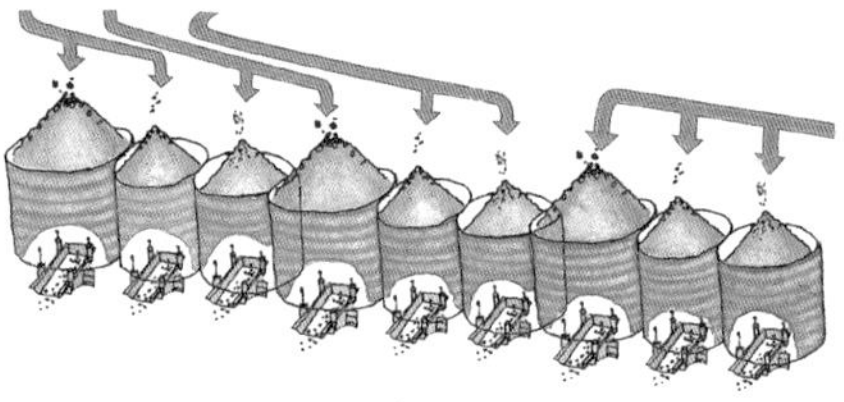

### 製品骨材貯蔵ビン

洗浄された原骨材は、さらに細かくして、製品となり、粗骨材・細骨材・砂などのサイズごとに分けられ、製品骨材貯蔵ビンに貯蔵される。なお、一般的には、細骨材とも呼ばれる、いわゆる砂などは、直径5mmまでのものを指し、粗骨材とも呼ばれる砂利は、5mm以上で20～25mm以下のものを指す。ダムでは最大150mmまでの骨材が製造される

## 階層構造のバッチャープラント

　貯蔵されていた製品骨材は、コンクリートを製造する**「バッチャープラント」**へ運ばれ、セメントや水と混ぜられて、コンクリートとなる。この装置を**「コンクリートミキサー」**といい、一般的には、ドラムの形をした傾胴式ものと、2軸強制式の2種類がある。プラントの構造は、階層状になっていて、最上部には、運ばれてきた製品骨材を受材ビンに投入する回転式シュートがあり、その下に受材ビン、またその下に、製品骨材とセメント・水等を計量するフロアがあり、最下層がミキサーフロアになっている。

　練ったばかりのコンクリートは、その品質を確かめる試験として、軟らかさを測定する**「スランプ試験」**、微細な空気量を測定する**「空気量試験」**が実施される。そして、RCD工法で使われるセメント量の少ない超硬練りのコンクリートは、軟らかさを測定する**「VC試験」**で判定する。

　この試験を通過するかどうかは、計量フロアが鍵を握っているといっても過言ではない。コンクリートの強度は、一般的に、セメントと水の混合割合によって影響を受けるため、水は簡単に計量できるが、骨材に付着している水分があるため、これを把握しておかないと、品質に偏りができてしまうからだ。こう

して製造されたコンクリートは、ようやく晴れの舞台、建設地点まで運ばれることになる。

## 運搬設備で変わる現場作業

　コンクリートを運搬する設備には、これまで主に、2種類のクレーンと、インクラインが用いられてきた。**「ケーブルクレーン」**は、ダムの両岸にワイヤーを渡して、そのケーブルを軌道としてトロリーが横に動き、吊り上げたコンクリートバケットを運搬する。**「タワークレーン」**は、マストと呼ばれる柱をクレーン自身で吊り上げ、高くなるに従い、継ぎ足して本体をマストの上に登らせていく方式だ。**「インクライン」**は、傾斜面などにレールを敷き、動力で台車を動かして、船や貨物を運ぶ装置のことで、ダムにおいても、本体の斜面を利用して、コンクリートなどを運搬している。

　また、**「テルハ型クレーン」**という最新のクレーンも登場している。巻上げ機による荷物の上げ下げと、トロリーによる横移動という2次元の動きができるという優れもので、タワークレーンのような旋回機能はないが、高い機動力と安定性を備えており、最近では、山形県の長井ダムで採用され、現場の機動性発揮に大きく貢献した。

　なお、これらの運搬設備は、ダム工事の中でも、最も重要な選択項目のひとつだ。なぜなら、どの方式を採るかによって、現場の作業が大きく変わってしまうからだ。ケーブルやインクラインを使用する場合は、バッチャープラントはダムの天端標高に配置するが、タワーやベルトコンベア、トラック等を使用する場合は、ダム中段標高に配置し、テルハ型の場合は、下位標高に配置する。運搬設備は、ダムの規模や地形、環境条件などをにらみながら、能力と経済性などを総合的に検討したうえで、最も効果的な方式を選択することになる。

## コンクリート打設の工法

　以上が、ダム本体の工事に至

### ケーブルクレーン

ダムの両岸にワイヤー（主索）を渡して、このケーブルロープを軌道として、トロリー（台車）が横に動き、吊り上げたコンクリートバケットをロープウエーのように運搬する。ワイヤーが固定されている固定式や、片側が上下流方向に移動できる走行式などがあり、両側走行式もある

### タワークレーン

土木・建築を問わず、建設現場で最も多く使われている。建設物が高くなるにつれ、マストと呼ばれる柱をクレーン自身で吊り上げ、その場で継ぎ足して、クレーン本体を新しいマストの上に登らせる。別名、クライミングクレーンともいう

### テルハ型クレーン

巻上げ機による荷物の上げ下げと、トロリーによる横移動という2次元の動きができるという優れもので、打設の高さに合わせてマストを積み重ねて高くなっていく。25トン積みのダンプトラックも軽々と持ち上げられる。街中で見かける大きなダンプは10トン積みが普通なので、いかに力強いかが分かる

**柱状ブロック工法**

隣り合うブロック（区画）との間に段差を付けて打ち上げていく工法。従来は、この工法が多く使われてきた。今でも、中小規模のダムでは採用されている。ただし、安全を確保する上で配慮すべき事項が多いので、近年では、新しく開発された面状工法を採用するダムが増えている

**面状工法**

堤体全体に大きな高低差を付けることなく、平面状に打ち上げていく工法。複数のブロックをまとめて打設でき、作業がしやすく安全性にも優れている。「RCD工法」と「拡張レヤー工法（ELCM）」のふたつに区分される

**振動ローラー**

RCD工法のために開発された高性能なローラーで、垂直方向に振動させて締め固めを行う

るまでの前段階といってもよい。すべての材料、設備が揃って、いよいよコンクリートが打設されるのだ。ダム本体へのコンクリート打設方法は、**「柱状ブロック工法」**と**「面状工法」**のふたつに大別される。従来は、ブロックごとに段差をつけ、柱状に分割して打設するブロック工法を採用していたが、安全を確保する上で配慮すべき事項などが多いので、面状工法が開発された。高低差がなく、平面状に打設でき、作業しやすく安全性にも優れている。

　コンクリートは、水とセメントの化学反応によって固まるが、この反応によって膨張し、反応が終わると縮んでいく。これが、ひび割れの原因となるため、わざと継ぎ目を作って防いだのが、柱状ブロック工法だった。しかし近年では、発熱の少ないセメントやセメント量の少ないコンクリートを打ち込む工法が開発され、面状工法が多くのダムで採用されている。

　この面状工法は、**「RCD工法」**と**「拡張レヤー工法」**に分けられる。セメント量の少ないコンクリートを打ち込むのが、RCD工法で、超硬練りのコンクリートをブルドーザーで薄く撒き出し、これを繰り返して振動ローラーで締め固める。大きなダムで、広い面積を高速で施工するのに適し、工期短縮、工費節減もできる合理的な工法だ。一方、拡張レヤー工法は、軟らかいコンクリートを使用し、少ない機械で施工できる。RCDは多くの重機を使うので、打設が高い位置に達した後、上部の狭い部分を拡張レヤーに切り替える例も出てきている。

　打設後は、品質確認が重要だ。RCD用コンクリートは、試験室で品質を確認し、現場でも**「RI密度試験」**などにより、その密度を測定する。**「コンクリートコアボーリング」**では、コンクリートに直接穴を開け、直径約20cmのコアを取り出し、内部の状態を専門家が確認して

### 重機のオーケストラ

RCD工法は、多くの重機を使って、迅速に大量のコンクリートを打ち込むことができる。数多くの重機が活躍するその様は、いくつもの楽器が音を奏でるオーケストラのようだ。重機に指示を出す打設番と呼ばれる担当者は、まるで指揮者のように全体を見極め、出荷状況の調整を行っている

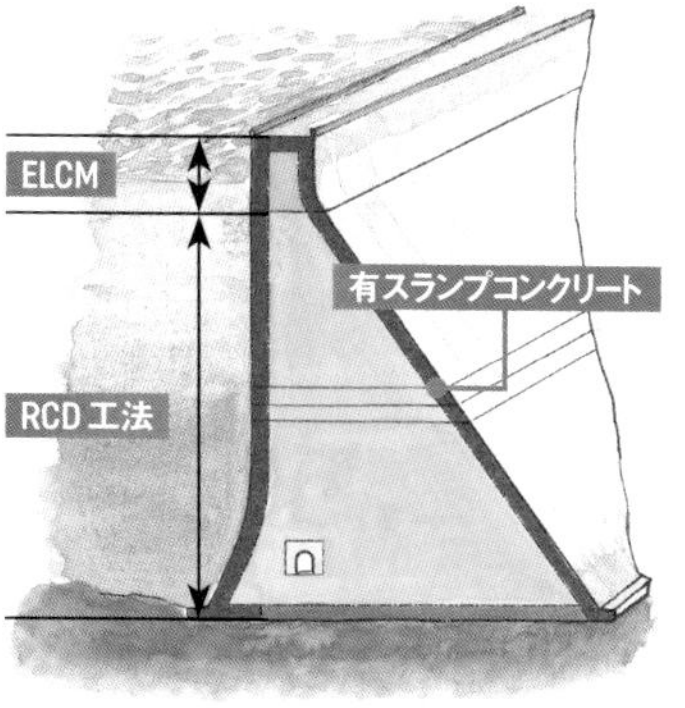


### RCD工法とELCM

RCD工法は、セメント量の少ない超硬練りのコンクリートを、ブルドーザーで撒き出した後、振動ローラーで締め固める。拡張レヤー工法は、通称ELCM（エルコム）と呼ばれ、軟らかいコンクリートを使用する。図で例えると、ダムを覆う外側は、強度が高く厳しい気象条件にも耐える「有スランプコンクリート」で囲み、RCDで大部分を施工し、高くなった部分をELCMに切り替えるという仕組みだ

いる。さらに、表面の弱い層を鋼製ブラシや高水圧で薄く削り取り、新鮮な表面を露出させる**「グリーンカット」**と呼ぶ方法で仕上げをする。ここまでくれば、ダム完成までは、わずかな工程を残すだけだ。

## 減勢工を設けて静かに放流

ほぼ完成に近づいたダムでは、堤体の下流側に、**「減勢工」**という構造物を設ける。これは、ダム湖の水を放流する際、そのまま川に流すと、水の勢いがあまりに大きいため、川底が浸食されたり、渦が発生したりと、多大な影響を及ぼすからだ。そこで、導流壁で水の流れを誘導し、副ダムと呼ぶミニダムで勢いを止めて、静かに放流するというものだ。これらの設備でも、コンクリートの打ち込みが行なわれ、大型のトラッククレーンにコンクリートバケットを取り付けて、作業が進められる。ただし、導流壁のように先端部が狭くなっている部分は、コンクリートポンプ車を用いることが多い。

## 取水・放流と管理設備

また、コンクリートではなく、さまざまな部材を使って、**「取水設備」**や**「放流設備」**が造られる。取水設備の中には、伸縮する円形の多段式ゲートが設置されており、ダム湖の、どの深さからでも取水することができる。ダム湖に貯えられた水は、水面に近い所は暖かく、深い所は冷たいので、農業用水などに利用する際は、暖かい所から取水するといった具合である。また、放流設備では、**「放流管」**を設置し、発電用に使う水と、下流の水量維持を調整する水とに分水する。取水・放流設備には、大型で重い部材が使われるため、大型クレーンで、ひとつひとつ丁寧に取り付けられていく。その様は、さながら、超大型のプラモデルを組み立てているようなイメージだ。

ダム全体が完成すると、今度

## 取水設備

取水設備は取水塔とも呼ばれる。例えば、伸縮する円筒をもつ多段式取水ゲートは、取水口を上下に伸縮させて、任意の水深から取水できるのだ。下部には放流管が設置され、利水放流設備とも呼ばれており、下流の水量維持に使う水と、発電用の水に分水される。放流管は下流方向に伸びており、維持用水は減勢工に放流される

## 減勢工

ダム湖の水を放流する際、そのまま川に流すと、水の勢いがあまりに大きいため、川底の土砂が洗い流される洗掘という現象が起きたりする危険性がある。そこで、流れ落ちる水の勢いを弱めるため、下流側に「減勢工」という構造物を設置する。まず、導流壁で水の流れを誘導し、副ダムと呼ぶミニダムで勢いを止めて、静かに放流するというものだ

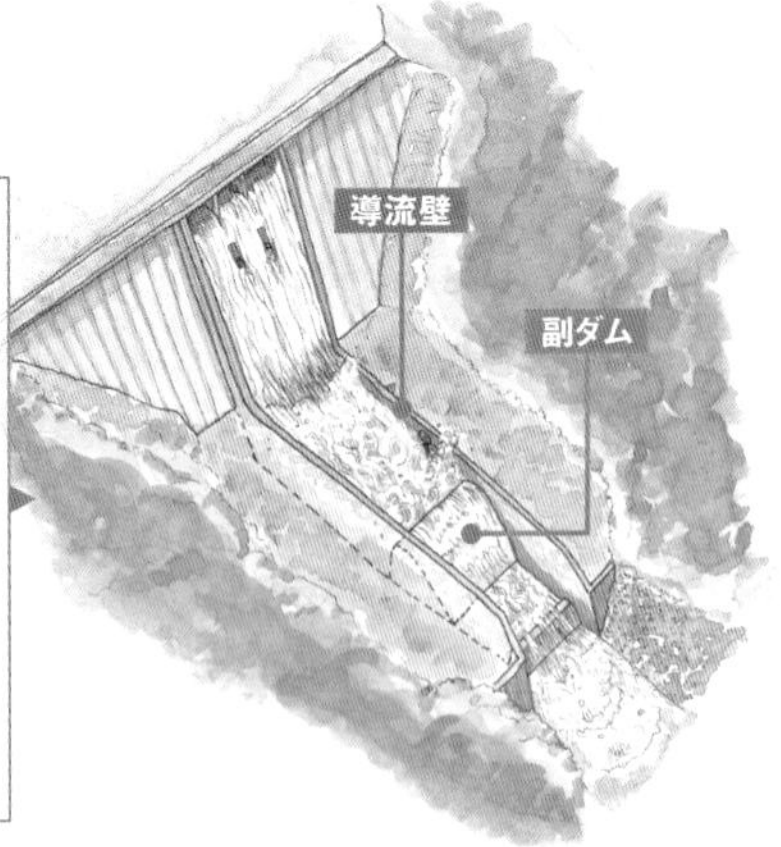


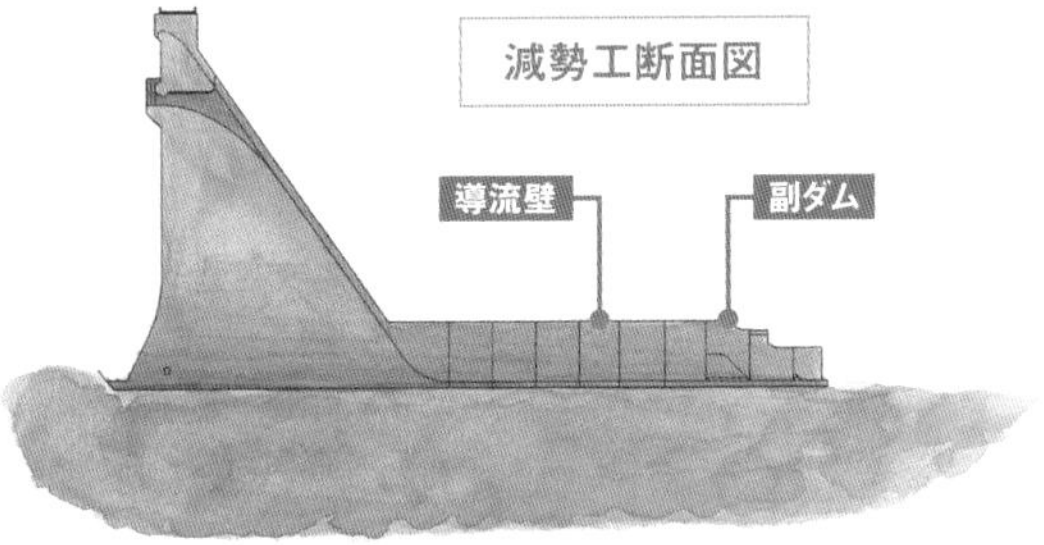

減勢工断面図

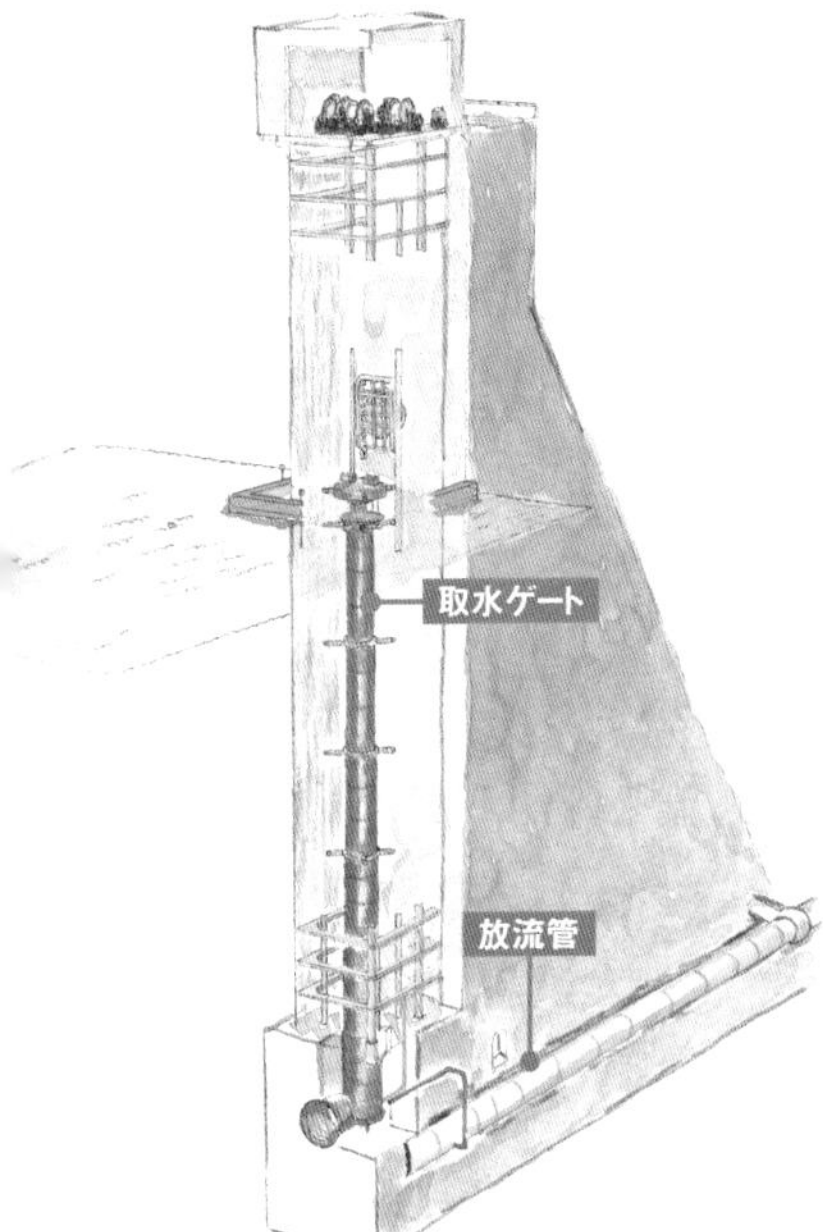


は、ダムを管理する設備が造られる。例えば、**「ダム管理事務所」**や、湖の点検を船で行う**「係船設備」**、ダムが安全であるかどうかを確認する装置が配置されている**「監査廊」**などの設備だ。その他、天端と下流の底部を往復するエレベーターや、水位計、地震計なども取り付けられる。

## 試験湛水を経て完成

こうした長い期間に渡る工程を経て、完成したダムは、実際に稼働する前に、**「試験湛水《たんすい》」**という試験を実施する。ダム湖に満水になるまで水を貯めた後、最低水位まで放流し、ダム本体、放流設備、ダム湖周辺等の安全を検証するのである。この試験湛水が無事終了して、ダムは初めて正式に完成となる。

長い工程の工事期間中には、建設自体にかかわる作業の他、周辺環境への配慮もなされている。建設中に発生する汚水を処理する**「濁水処理設備」**の運用や、昼夜連続で作業する際の照明を、従来の水銀灯から昆虫類の誘因性が低いナトリウム灯に変えるという配慮だ。さらに、生態系を守るための調査や、環境保全のためにビオトープを作ったり、下流周辺に植林したりという例も多くなっている。

ダム建設においては、従来の自然環境を変えてしまうことは、どうしても避けられない。だが、最新の技術を駆使し、環境変化を最小限に止めることはできるはずだ。今後も、そのような努力がなおいっそう進化し、続けられていくことだろう。

第2章

# ダムを楽しむ

ダムは、楽しい。
現地で見ることはもちろん、
システムとして理解すること、
知識を深めることも楽しい。
ダムはエンターテイナーだ。

浦山ダム（埼玉県） 写真：萩原雅紀

宮ケ瀬ダム

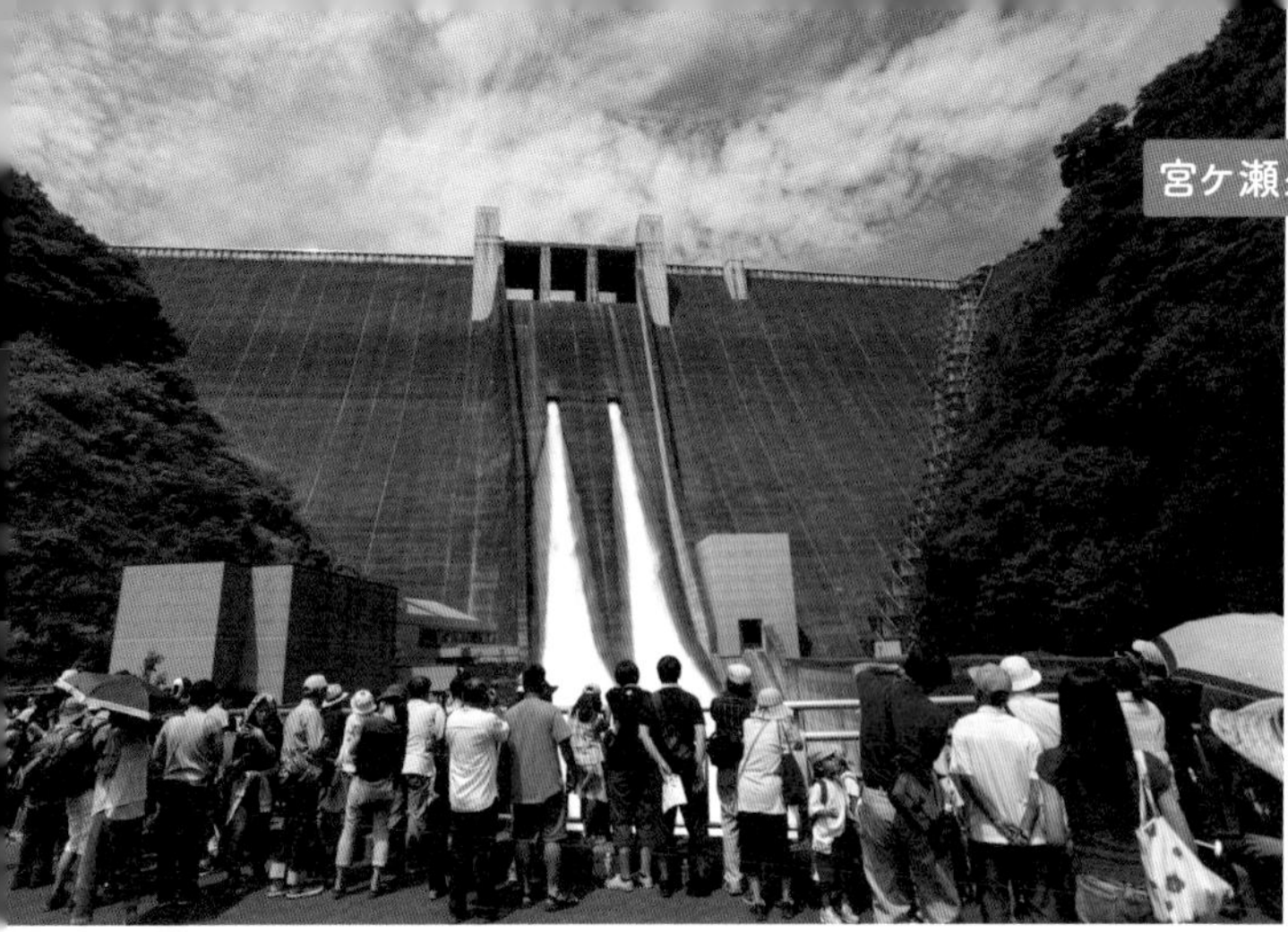

屈指の人気を誇る宮ケ瀬ダム（堤高156m、堤頂高375m）では、ダイナミックな観光放流が体感できる　Photo:萩原雅紀

豊稔池ダム

Photo:Toto-tarou[CC BY-SA 3.0]

国の重要文化財にも指定されている豊稔池ダム（堤高30m、堤頂長128m）では、季節の風物詩として「ゆる抜き」と呼ばれる放流が行われている

# 放流イベント・見学ツアーに参加する

迫力ある放流、見学ツアーは多種多彩！

## ダムの魅力をより深める見学ツアーも大人気

ダムにおける放流とは、貯水池内に貯められた水を下流に流す操作であり、さまざまな目的で放流が行われている（放水ともいう）。イベントとして行う観光放流や、雪解け時や洪水期を前にゲートを点検する点検放流のほか、事例は少ないが、放流により河川を洗浄するフラッシュ放流などがある。観光放流を発表しているダム以外で、いつ放流が行われるかは、国土交通省管轄のダムは、「川の防災情報」というサイトで、放流通知が発表されている。

また、1997年の河川法改正により、水生生物などの生育

滝沢ダム（埼玉県）の見学ツアーでは非常用洪水吐近くの階段を歩けることも。迫力満点!

環境・生態系を維持するため、ダムからは常に一定量の放流が年間を通じて行われている。これは、河川維持放流と呼ばれ、大きな放流ではないので、放流操作と見なされないこともある。

神奈川県愛川町にある相模川水系の**宮ケ瀬ダム**（重力式）では、4月〜11月の毎週水曜日を中心に、1日2回約6分間ずつ、豪快な観光放流が行われている。資料館や、自由に行き来できる堤体内エレベーター、堤体脇のインクラインなど、見どころは満載だ。

千葉県君津市の**亀山ダム**（重力式）では、毎年、春と秋に観光放流を実施しており、通常では入ることのできないダム直下から放流を眺めることができる。

香川県観音寺市にある**豊稔池ダム**（マルチプルアーチ）では、毎年7月下旬から8月ごろ、「ゆる抜き」と呼ばれる放流が、下流の貯水量が3割を切ったころを目安に行われている。轟音とともに放流される景色は壮観

矢木沢ダム（堤高131m、堤頂長352m）と、奈良俣ダム（堤高158m、堤頂長、520m）は、同時に放流を実施する時がある

だ。

群馬県利根郡みなかみ町の**矢木沢ダム**（アーチ式）では、５〜７月ごろに点検放流を行うが、洪水吐がスキージャンプ型のため、水しぶきが上がり、多くの観光客を楽しませている。なお、近くの**奈良俣ダム**（ロックフィル）でも同時に点検放流を行う時があり、放流日時は、水資源機構・沼田総合管理所のサイトにて公開されている。その際、同じ利根川水系にある**須田貝**・**藤原**・**小森**などのダムも一斉に放流する確率が高いという。

岐阜県木曾川水系の**久瀬ダム**（重力式）では、ラジアルゲートを４門備えており、河川維持のためなのか、一番右のゲートから頻繁に放流を行っている。上流に横山ダムや**徳山ダム**、下流に**西平ダム**があるので、効率よく見学ができる。その徳山ダム（ロックフィル）では、年数回の観光放流をはじめ、点検放流や試験放流なども実施されており、その際には、ダムへ通じ

年数回の観光放流で賑わう徳山ダム（堤高161m、堤頂長427m）。徳山会館では往時の徳山村の様子を知ることができる

珍しいフラッシュ放流を行なっている寒河江ダム（堤高112m、堤頂長510m）

※2019年までの情報を記しています。イベントの状況は、必ず事前にご確認ください。

秩父4ダムを巡るツアーでは、滝沢ダムの階段を登ったり、施設を見学したり、浦山ダムの展示室や合角ダムを回ったり、二瀬ダムで実験をしたりと、各ダムの魅力を満喫

滝沢ダム

合角ダム

浦山ダム

二瀬ダム

る国道が渋滞するほど賑わう。近くにある徳山会館には、水没した徳山村の写真や資料が展示されていて、当時の様子をうかがい知ることができる。

山形県最上川水系の**寒河江ダム**（ロックフィル）では、洪水期の6～10月、基本的に毎週木曜日、フラッシュ放流を行っている。2019年は月1回（各月の中旬）、ゲートからも放流し、堤体上の道路や下流から放流が見られた。

各地で開催される

# 魅惑のダムツアー

## 春のダムツアー

山形県の**月山《がっさん》ダム**を見学するツアーは1年を通して開催されており、周辺の名所巡りを兼ねたツアーも人気。春の雪解けの時期は、クレストゲートからの放流が見られることも。クラブツーリズム仙台などが企画している。岡山県の**苫田《とまだ》ダム**では、春や秋に開催される「かがみのツーリズム」のツアーが人気。普段は立ち入ることができない施設の中まで見学できる。鹿児島県の**鶴田ダム**では、「二渡ホタル舟と鶴田ダム探検インフラツアー」が開催された。九州一の高さを誇るダムの内部を見学できるツアーは、1年を通じて安定した人気がある。

## 夏のダムツアー

北海道では「夕張シューパロダムと漁川ダム見学」という札幌発着の日帰りツアーが7月に開催された。埼玉県では7月に「**秩父4ダム**探検隊が往く5!」が、水資源機構の企画で開催された。**二瀬ダム・合角《かっかく》ダム・浦山ダム・滝沢ダム**を巡るツアーで、各ダムの管理者による見学会を実施。秩父のダムを巡るツアーは、はとバスやクラブツーリズムでも人気企画となっており、長瀞のライン下りなど、周辺の観光も兼ねたツアーは幅広い層に好評だ。

岡山県の苫田ダム(堤高74m、堤頂長225m)では、堤体や下流公園からの見学を行った

再開発を行い、工事中の見学を実施した鹿児島県の鶴田ダム(堤高117.5m、堤頂長450m)

※2019年までの情報を記しています。イベントの状況は、必ず事前にご確認ください。

見どころの一つである黒部ダム(堤高186m、堤頂長492m)の観光放流と、展望台から見た黒部湖

## 関西電力の黒部ルート見学会

富山県の**黒部ダム**(アーチ式)の見学には、立山黒部アルペンルートを利用して行くことができ、各旅行会社が独自のツアーを企画している。旅行会社の場合は、どちらかといえば、周囲の観光目的を含むものが多いようだが、ここでは、黒部ダム建設の主体であった関西電力による「黒部ルート見学会」を紹介しよう。2020年は、6月17日から11月10日にかけて、34回も行われる予定。ルートは、欅平《けやきだいら》と黒部ダム間のトンネル区間(片道)で、定員は1回につき30名。毎年、3月ごろから案内が行われる予定だ。また、黒部ダムでは、毎年6月下旬から10月上旬にかけて、毎日、観光放流も実施し、人気を博している。

## 秋のダムツアー

JTB佐賀支店の企画で、佐賀県の**嘉瀬川《かせがわ》ダム**と通常公開されていない嘉瀬川発電所を見学する「大自然とダムの特別見学日帰りツアー」が開催された。栃木県では、ネイチャープラネットの企画で、**小《こ》網《あみ》ダム・五十里《いかり》ダム・川治《かわじ》ダム**を巡る「川治温泉3ダムツアー」を実施。岡山県では、春にも行った**苫田ダム**で、堤体内部や下流からの見学を、10月から12月にかけて、かがみのツーリズム研究会事務局の企画で開催された。

## 冬のダムツアー

冬は、ライトアップされたダムを身に行くツアーが人気だ。青森県は、**浅瀬石川ダム**で、「雪のふるさと2019」を1～2月に実施。大井川鐵道では、夜行列車から眺める満天の星空と、ライトアップされた長島ダムを見に行くツアーを、1～3月に開催した。

**月山ダム**や**宮ケ瀬ダム**なども、冬の時期、ライトアップを行なって人気を博しているが、**鶴田ダム**は工事期間中に実施し、広島県の**土師《はじ》ダム**は、通年で点灯し、好評を得ているという。

山形県の月山ダム(写真上・堤高123m、堤頂長393m)や、青森県の浅瀬石川ダム(写真下・堤高91m、堤頂長330m)も、冬のライトアップが人気を得ている

# ダム見学・観光の楽しみ方

ダムをあらゆる角度、視点から眺める

三春ダム

滝桜でも有名な三春町にある三春ダム（堤高65m、堤頂長174m）の堤体と、左岸の発電所。周辺施設の観光も魅力的
Photo：写真小僧（GFDL）

## 上から見るか、下から見るか？

一般的にダム観光というと、湖面周遊が普通になるだろう。現地のダムに着くと、上流側のダム湖に目を奪われて、下流側へ行かないケースもあるようだ。それは、川が上から下へ流れるため、最初に接する部分がダムの正面になるからだという。また、危険だからという理由も含めて、下流側へ行けないダムは多い。しかし、ダムの本来の姿を見るには、下流側から見る姿にあるともいえる。

堤体を下方から見ると、ダムのさまざまな設備やデザインが見えてくる。湖面は人造湖とはいえ、自然湖に優るとも劣らない水面を見せてくれるが、水の奥を見ることはできない。それに比べて下流側は、水没していないため、ダムの高さを十分に感じ取ることができる。湖面周遊は、下流方向へ行けないダムの場合、周辺を散策しつつ楽しむにはもってこいかもしれない。

事実、そうしたダムの方が多いだろう。だが最近では、堤体直下へエレベーターで自由に行ったり、下流側に出られたりするダムも登場している。山奥にあるダムでも、見学に力を入れていたり、さまざまなイベントやサービスを行っているダムが増えているのだ。

国土交通省では、1992年より、ダムを開放することによって、地域の活性化を図り、ダ

金山ダム

金山ダム（堤高57m、堤頂長289m）と、かなやま湖。湖とその周辺には、カヌーやラフティングなどができる場も広がり、散策エリアも充実。富良野地域を代表する観光スポットだ

ムが地元にとって、より密着した施設となるよう、「地域に開かれたダム」を推進しているという例もある。また、水源地環境センターでは、2005年より、「ダム湖百選」を制定し、ダム湖の持つ魅力を顕彰している。ダムを見る際には、その立地や特色によって、それぞれの楽しみ方を見つければ、ダム見学・観光も充実してくるというわけだ。

## 湖面周遊が楽しめるダム

ではまず、上流側が充実しているダムを見てみよう。北海道の石狩川水系にある**金山《かなやま》ダム**（中空重力式）は、地域に開かれたダムに指定され、**かなやま湖**は、ダム湖百選にも選定されており、年間約74万人が訪れるという。周辺は、日帰り散策エリアとして、ダムを一望する展望台やダム下流に向かうことができる散策路や、保養センター、オートキャンプ場などを整備。毎年7月最終土・日曜には、「かなやま湖湖水祭り」がある。また、カヌーが楽しめることでも有名で、冬にはワカサギ釣りでも賑わいを見せている。

　福島県阿武隈《あぶくま》川水系の**三春ダム**（重力式）は、自然と調和した周辺環境整備を行ない、ダム周辺に訪れる人は年間約70万人、

池原ダム（堤高111m、堤頂長460m）の湖面と、真下の公園からも見ることができる圧巻の壁

樹齢千年以上という三春滝桜の咲く4月ごろには30万人もの観光客で賑わいを見せる。自然観察ステーションや資料館、展望広場、ビオトープなども充実し、訪れる人たちを引き付けている。

　奈良県吉野郡熊野川水系の**池原ダム**（アーチ式）の池原湖は、ダム湖百選に選定され、スポーツ公園や、キャンプ場などが整備されている。池原湖は、ブラックバス釣りの名所としても知られ、付近にある七色ダムや坂本ダムもバス釣りの好ポイントであることから、日本有数のバス釣りスポットでもある。しかし、ダム湖だけでなく、公園の下からもダムを見ることができる。これは、洪水吐のない非越流型のドーム型アーチ式であり、直下に流水が存在しないため、放流を気にせず、真下からダムを見学できるのである。

堤体直下へ行くことはできないが、湖面周辺は観光にも最適な奥只見ダム（堤高157m、堤頂長480m）。開高健も愛したという奥只見湖（別名：銀山湖）には、遊覧船も航行する

　福島県南会津郡と新潟県魚沼市の只見川最上流部にある**奥只見ダム**（重力式）は、奥只見湖がダム湖百選に選定されており、観光客は年間約60万人だという。ダム見学では、堤体下流へ行くことはできないが、**奥只見電力館**（入館無料）や、ダムまで行けるスロープカー、湖を運航する遊覧船など、湖面周遊は充実している。また、作家であり大の釣り師としても著名だった開高健は、奥只見湖をこよなく愛したことでも知られている。

## 下流側が見られるダム

　埼玉県の**浦山ダム**（重力式）は、地域に開かれたダムに指定されており、内部を自由に見学できるよう、一般開放している。まず、天端には**「うららぴあ」**という資料館があり、ダムの役割や魅力、荒川の歴史などを改めて知ることができる。天端中央には、高低差132mのダムエレベーターがあり、誰でも自由

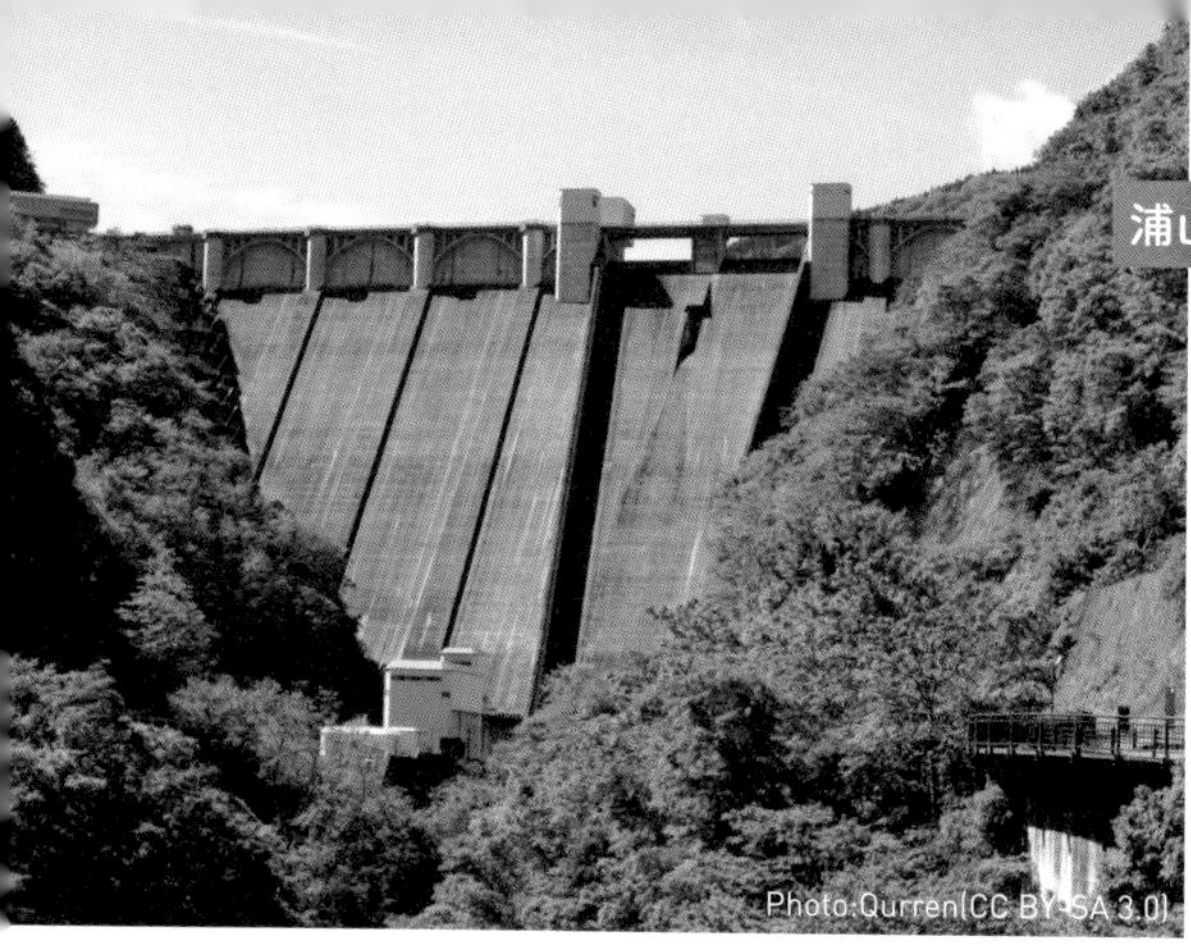


## 浦山ダム

荒川水系最大の規模を誇る浦山ダム（堤高156m、堤頂長372m）の下流側と上流側。これだけの規模でありながら、市街地からは近く、アクセスも良い

## 小里川ダム

神殿を思わせる大胆なデザインが特徴の小里川ダム（堤高114m、堤頂長331m）も、最新の進化を遂げたダムのひとつだ
Photo:Qurren(CC BY-SA 3.0)

## 温井ダム

ダム技術の一つの集大成ともいえる、最新鋭の温井ダム（堤高156m、堤頂長382m）を真下と右岸から見る

に乗って、堤体直下へ行くことができ、156m下まで続く階段も開放されている。連絡通路に作られたギャラリーもおすすめのポイントで、自然の恵みや、ダムができるまでなどを展示している。エレベーターホールには、水面下100mの水圧実験設備というものもあり、さらに、ダム上部の方にも見学施設が点在していて、見どころは満載だ。

岐阜県庄内川支流の小里川にある**小里川《おりがわ》ダム**（重力式）も、地域に開かれたダムに指定されている。資料室として**「小里川ダムふれあい館」**もあり、ダム湖に住む生物なども展示されている。一般開放されていて、堤体内部を見学することも可能。エレベーターで天端と堤体直下を自由に行き来でき、内部には、ゲート室や、下流側の景色が一望できる展望テラスやバルコニーなどがあり、ギャラリー（監査廊）では、パネル展示コーナーもある。

広島県山県郡の太田川水系にある**温井《ぬくい》ダム**（アーチ式）は、21世紀初頭に完成した新しいダムで、各地のダム建設・管理のノウハウが詰め込まれた、最新鋭のダムだといえる。見学施設も充実しており、ダム最下部に通じる見学者用エレベーターで、120m下のトンネルまで降りることができ、見学路には階段もある。約200m続く地下トンネルの中には、さまざまな展示がしてあり、まるで資料館の

新成羽川ダム

Photo:Phronimosx(CC BY-SA 3.0)

上空から見た新成羽川ダム（堤高103m、堤頂長289m）と、直下にある発電所

ようになっている。途中、ダムを支える岩盤にも触れることができ、トンネルを抜けるとダム下流広場の見学も可能。また、毎年6月から10月くらいまでを洪水期として定め、定期的に放流も見せている。

　岡山県の水島臨海工業地帯へ注ぐ高梁《たかはし》川水系にある**新成羽川《しんなりわがわ》ダム**（重力式アーチ）は、この形式のダムとしては、日本最大の堤高、堤頂長を誇っている。

ダム湖は備中湖と呼ばれ、ヘラブナやワカサギ釣りが盛んだ。ダム直下にある発電所は、あらかじめ予約をしておくと、1名より見学が可能。下流側へ行き、洪水吐を真下から見上げることもでき、社会科見学に訪れる学生も多いという。

　愛知県豊田市と岐阜県恵那市の県境にある**矢作《やはぎ》ダム**（アーチ式）は、放物線を描いたアーチ式としては日本初の形で、堤体上を自由に行き来でき、右岸、左岸、下流のどこからでも、堤体のほぼ全景を見渡すことができる。内部見学希望は事前に団体での予約が必要だが、約1時間の見学コースでは、操作室（計測機器等）や、堤体内トンネル（監査廊）、歩廊の見学もでき、堤体を見上げられる場所にも案内してもらうことができる。

矢作ダム

岐阜県と愛知県を流れる矢作川水系にある矢作ダム（堤高100m、堤頂長323m）は、上流、下流とも、ほぼ全景を見渡せる

ダムを楽しむ

# ダムの達人・ダムマイスターになるには？

制度の詳細、活動内容を解説

## ダムのことを広く知ってもらうため、新しい制度を実施

日本ダム協会は、1952（昭和27）年、天竜川水系総合開発協力会として発足し、1957年に日本ダム協会と改組。1974（昭和49）年に財団法人として設立され、2013年、一般財団法人日本ダム協会となり、現在に至っている。協会は主に、ダム等の建設を促進し、国土の保全と国民経済の発展に寄与することを目的として、さまざまな活動をしている。

その日本ダム協会が、ダムのことを専門家だけでなく、もっと広く一般の方々に知ってもらうための取り組みとして、「一般財団法人日本ダム協会ダムマイスター」（以下、ダムマイスター）制度を、2010（平成22）年に実施したのである。すなわち、ダムのことを広く知ってもらうには、それを支援する役割を持つダムマイスターを任命すれば、大きな力になると判断したのだ。同年8月18日、制度の詳しい内容とQ＆Aをホームページ上で公開し、9月1日から希望者の申請を受け付けた。

その結果、10月28日までに26人の申請があり、申請内容についてダムマイスターとして任命するかどうか、申請者の「活動実績」を中心に審査し、11月1日付で、18名をダムマイスターに任命した。そして11月1日、ダム協会において、申請が最も早かった人に、ダムマイスターの「任命書」を手渡すという、記念すべき第1回の任命式が実施されたのだ。

Dam Meister
任命書
堤体太郎様
貴方を「一般財団法人日本ダム協会ダムマイスター」に任命します。
平成28年　月　日
一般財団法人日本ダム協会
会長 宮本洋一

ダムマイスターの任命書。2019年7月現在で、この任命書を持っているのは38名だ

## ダムマイスターになれる可能性は、どれくらい？

では、マイスターになるためには、どうすればいいのか？ ダム協会によれば、「広く一般の方々に、ダムの実態、役割、魅力などについて知っていただくために、それを支援する役割を持つ者」というダムマイスターの趣旨に合えば、誰でもマイスターになれる可能性があるという。例えば、「いわゆるダム好き・ダムファン、ダム技術者OB、一般向けダム関連書籍の著者、ダムに関連する研究者」などが想定され、類型などは特定せず、広くいろいろな方になっていただければよいと考えており、20歳以上の成人が原則だ。

では、任命される際の審査の基準とは、どのようなものだろうか？ まず、前述の趣旨に合うかどうかの観点から判断し、ダムについての知識経験なども考慮されるが、重視するのは、

これまでの「活動実績」だ。申請書には、活動実績を記入する欄があるが、その記載内容を検討することになる。活動実績の「活動」とは、ダムに関連した活動ということではなく、ダムマイスターの趣旨に適合した活動という意味であり、その内容は、表1のようになっている。

**表1 ダムマイスターになるための活動実績**

- ダムを訪問し、ホームページやブログにその情報や写真を掲載
- 一般向けのシンポジウム、講演会、トークショーなどに出演
- 展示会、イベントなどを企画・実施・参加
- 月刊『ダム日本』などの雑誌に投稿・執筆
- 『ダム便覧』などのホームページに投稿・執筆・写真提供
- ダム関連の写真コンテストに応募
- 書籍、DVDなどの出版
- テレビ、新聞などに出演、掲載

　したがって、たくさんのダムを見たとか、ダムについてよく知っているという知識経験は、審査の際に考慮されないわけではないが、それのみではマイスターにはなれず、活動実績を満たす内容が必要ということになる。また、ダムの専門家とか、ダム関係の仕事を長く体験してこられた方は、知識経験は十分と考えられるので、相応の活動実績があれば、申請してダムマイスターになれるものと思われる。

　ダムマイスターになりたい時には、まず、協会に申請することになるが、申請書は、ダム協会のホームページ上にアップされているので、いつでも見ることができる。具体的な方法は、協会に問い合わせなければならないが、受け付けは、常時行っている。申請から任命までは、ある程度の期間をおいて実施しているので、多少時間がかかることもある。人数は特に想定せず、適宜状況に応じていて、任期は年度に合わせ、期間は原則2年を想定しているそうだ。

## 専門家と一般に区分して任命

　2010年に第1期として18名が任命されてから、2020年3月までの任期である第5期が誕生しており、ダムマイスターは、2020年3月現在で計38名いる。第4期から、「専門家」「一般」の区分が新たに決められている。専門家とは、工学分野に限定することなく、広くダムの建設・管理に関係する諸分野を含んでいて、ダムの建設・管理を経験したことがある人や、現在経験中の人は、職種に限らず専門家に該当する。一般とは、これに該当しない、通常のダムファンなどとなる。現在の26名のうち、専門家は6名、一般は20名。居住地は、北海道から東京、福岡まで、全国に及んでいる。

　例えば、専門家に区分されているマイスターの中には、かつて建設省に務めて、各地のダム建設現場で働いていたり、国交省でダムの研究をしていたり、自治体のダムで調査をしていたり、大学工学部の教授だったりなど、ダム技術者OBで、錚々たる経歴を持つ人が多い。そして、ダム関連の講演会やトークショーにも参加して講演も行い、

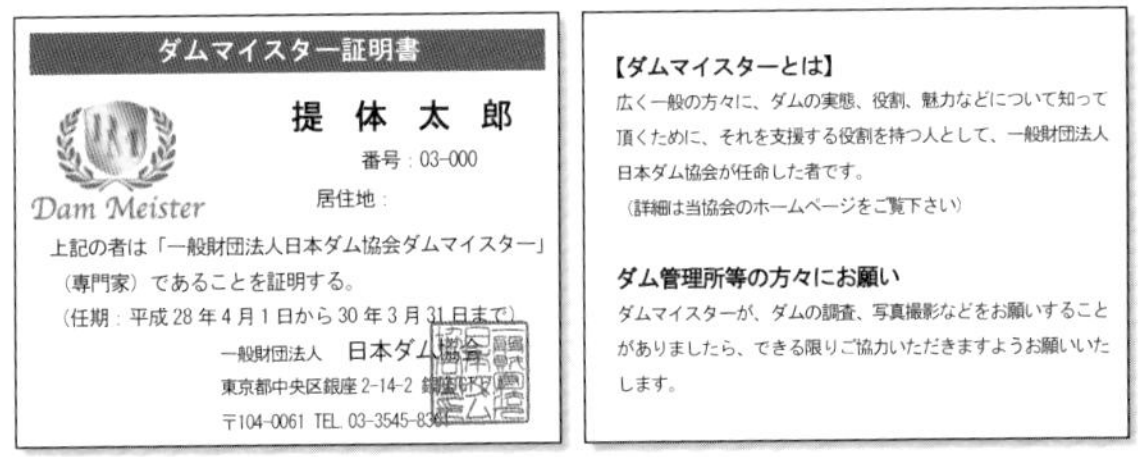

ダムマイスター証明書。裏には、ダムマイスターの説明と、管理所等の方々へのお願いが書かれている

2014年10月に開催された、ダムマイスター研修会「浅川ダム見学会」。参加者は14名（うち協会より2名。NHKの取材スタッフも同行。浅川ダムは、この年の7月に本体の最終打設を完了し、完成への最終段階に入っていた

2013年9月、この頃、まだ建設中だった津軽ダムで実施された見学会。参加者は10名（うちダムマイスターは2名）。地元の放送局も取材のために同行した

月刊『ダム日本』への執筆から、テレビ出演など、多彩な活動を行っている。

また、一般のマイスターに区分されている人たちの中にも、地元のテレビ局に出演したり、新聞社からインタビューを受けたり、雑誌や本を執筆したり、ダムやダム関連イベントへの参加・出展などに力を入れている人が数多くいる。中には全国約1000基のダムを訪問したという強者も。マイスターは皆、それぞれの立場で、ダムの魅力を伝えるため、精力的な活動を続けているのだ。

## 証明書を発行して支援を実施

ダムマイスターの仕組みについては、誕生から試行期間中の実績と成果を踏まえ、本格実施を開始し、2012（平成24）年に、「財団法人日本ダム協会ダムマイスター制度要綱」を定めた。制度の基本部分に変更はないが、変更点としては、試行から本格実施に移行したこと、文書の表題を「財団法人日本ダム協会ダムマイスター制度要綱」に改めたこと、法令遵守等の規程を追加したことの3点が挙げられている。

ダム協会では現在、この仕組みのもと、ダムマイスターのさまざまな活動を支援するため、「ダムマイスター証明書」を発行し、現場のダム管理所等の方々へ向けて、【ダムマイスターをご支援下さい】というメッセージを送っている。

それは、【ダムマイスターの活動の基本は「取材」です。ダムの管理所に行って、そのダムのことを聞いたり、写真を撮ったり、資料を集めたりといったことをするかもしれません。同じように、図書館やダムの管理者のところにも行くかもしれません。そんなときには、ダムマイスターにできる限り便宜を図っていただくなど、ご支援、ご協力頂きますようお願いします】というような内容だ。そして、ダムのことをもっとよく知りたいと思う人がいたら、その得意分野に応じて、手助けする役割を担うよう応援している。

ダムマイスターは、基本はボランティアで、報酬等はないが、自らの責任で活動する、いわば「ダムの達人」なのである。制度が始まって約10年。現在、ダムマイスターは、それぞれの興味と得意分野に応じて活躍しており、マスコミなどに取り上げられて、一般の人の目に触れる機会も多い。ダムマイスターの今後の活躍には、さらなる期待ができそうだ。

**アーチダム**

川俣ダム（栃木県）

アーチダムは、真正面から撮影するとアーチ特有の曲線が分かりにくくなってしまう。そこで、陽が高い季節で半順光になる時間を選び、撮影。堤体設備によってできた影が堤体へ落ち、アーチダムの形を浮かび上がらせることができる

かっこいいものを、かっこよく。

# ダムを撮る

**星野夕陽** ダム愛好家

　ダムを撮影するにあたっては、現地へ行く前にダム便覧に掲載された写真をくまなく見ていくといい。多くの愛好家が様々なアングルから撮影した写真が掲載されている。地図と照らし合わせれば、どこから撮ったアングルか想像できるはずだ。もしどこから撮ったか分からなくても、写真が頭に入っていれば現地で撮影した場所が見つけやすくなる。好きなアングルから撮るには車が入っていけないような登山道や、川の中から撮影しなければならない場合もある。

　できればダムのスペックも見ておこう。型式やサイズやダムの目的が分かっていれば十分だ。また、地図からダムの向きを調べておこう。ダムは動かないため、日差しは時間で変えるしかない。行く度に逆光なんてことになっては目も当てられない。事前のリサーチは必須だ。

　現地ではくまなく歩き、あらゆるアングルからダムを見てみよう。ダムは動かないため、自

## シンプルなダム

### 境川ダム（富山県）

境川ダムは堤体に放流設備等がなく、形状がシンプルなダム作りをしている。こういったダムは、正面かつ順光で撮るとシンプルさを際立たせることができる。シンプル過ぎるとダムの大きさが分かりにくくなるため、少し引いて周囲の山々を入れた

分の足で歩かなければ見ることができない。多くのダムは人に見られることを考慮していないため、アングル自体が限られてしまう。様々な場所からダムを見て自分が好きなアングルを見つけてみよう。

ダム撮影に慣れていないころは、構図日一杯にダムを入れて撮ってしまうことが多いだろう。単純に形がカッコいいのであればそれもいいが、せっかくのダムの巨大さが分かりにくくなってしまう。気持ち程度引いた構図にして車や人や建物を写し込んでみよう。大きさを対比できるものが入るだけで、ダムの巨大さが引き立つはずだ。

また、きちんと水平を出して撮影することを心がけよう。どんなに巨大なダムでも、水平垂直をきちんと計測・設計し建設されているため、傾いたまま撮ってしまうとダムが不安定に写ってしまう。ダムはいつでもどっしりと安定して構えているはずだ。

## 見下ろせるダム

### 鹿瀬ダム（新潟県）

鹿瀬ダムは阿賀野川本流にある電力会社の発電専用のダムだ。ダムによって川を堰き止め高低差を稼ぎ、写真中央にある発電所へ水をバイパスさせて発電している。高所にある展望台より広角で撮影しダムの機能や全体像を捉えた

## マッス感のある重力式コンクリートダム

### 滝沢ダム（埼玉県）

ダムの大きさを感じられるようにするために、広角レンズを使いアオリで撮影し強くパースを付けた。この時、順光で撮ると影が少なくなり、のっぺりした堤体では遠近感が乏しくなってしまうため、ゲート設備の影が堤体へ広がる陽が高い時間を選んだ

## フィルダムらしさを表現する

### 二庄内ダム（青森県）

ロックフィルダムは、下流側だけでなく上流側にも大きく広がっているが、普段は貯水によって隠れてしまい、見ることができない。かんがい用水専用のダムは稲作のために水を補給して、9月後半になると大きく水位を落とすことがあるため、水位が下がった時期を狙い、ロックフィルダムの上流側とかんがい用水を使い切ったダム湖を捉えた

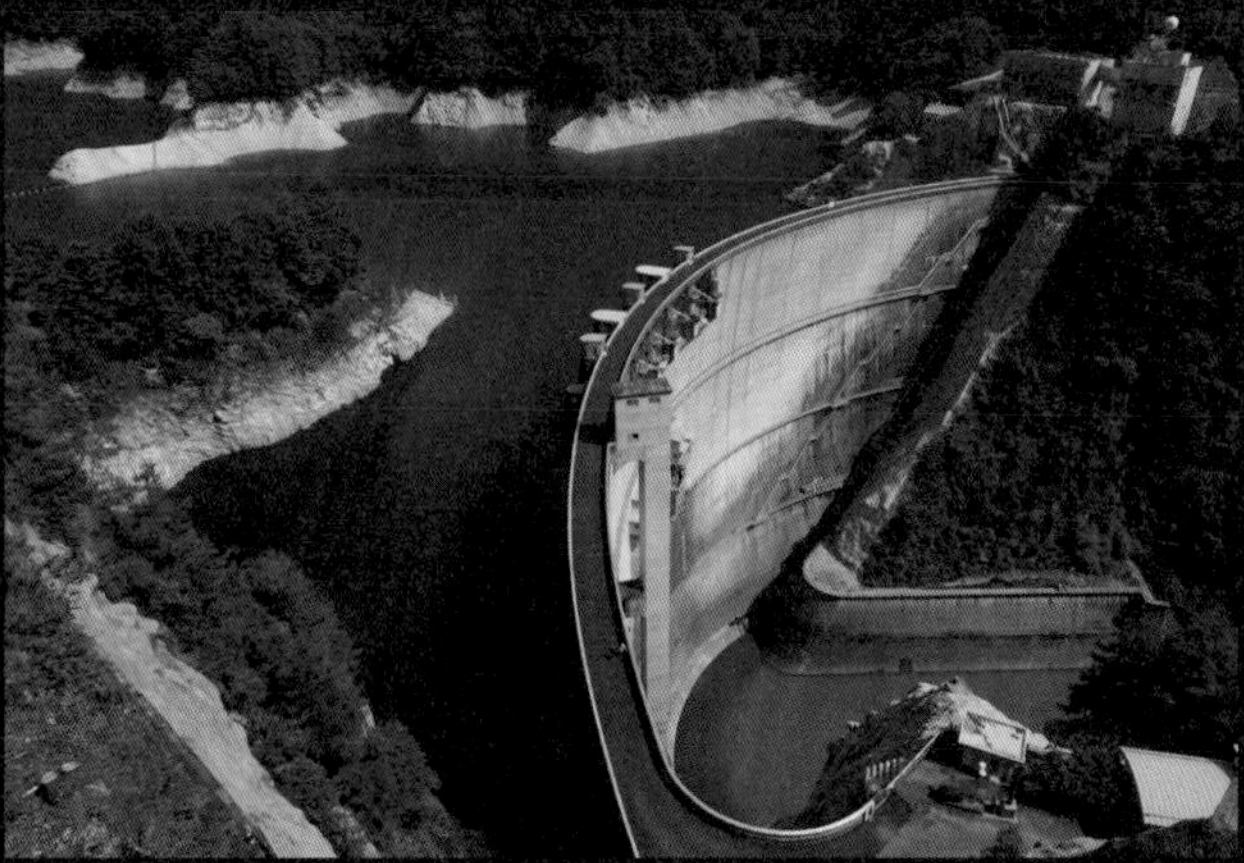

## アーチダム

### 小渋ダム（長野県）

堤体の延長線上にある高所から撮影する事で、大きく弧を描いたアーチ形状、天端を歩く人を入れ堤体の薄さを、貯水池とダム直下の水位差から貯水している様子、洪水調節機能を持つダムの特徴である湖岸の裸地部をあえて大きく入れ、ダムの機能と特徴的な形状を一枚に収めた

## 影になりがちなバットレスダム

### 丸沼ダム（群馬県）

バットレスダムは構造上、下流側は影になりやすく、捉えるのが困難だ。陽が低くなる季節と時間を狙い、低い日差しが下流側を照らし出された瞬間を狙って撮影。広角ではなくクローズアップして撮影し、バットレスダムの複雑な構造を捉えた

# スマホでダムを撮る

## 歩いてアングルを探そう

### 新鶴子ダム（山形県）

スマホのレンズは画角が固定されているため、アングルは足で稼ぐことが大切だ。引いて撮るにも寄って撮るにも面倒くさからずに、狙い通りのアングルになるまで歩いて調整しよう。広角よりの画角が多いので、時にはぐっと近づきパースを活かしてダムの大きさを写すのもいい。

近すぎて堤体全体が入らないこともあるが、その時は割り切ってカッコいいと思った所だけを切り抜いてみよう。もし、カメラにHDR撮影機能があれば利用しない手はない。ダムは動かないから時間によっては逆光で撮影する機会は多くなるはずだ。最近のHDR撮影機能は優秀なため、逆光でも気にせず綺麗に写してくれるだろう

## パノラマ機能で撮る❶

### 蓮ダム（三重県）

スマホのパノラマ撮影機能を利用したもの。ダム軸を中心に捉えることで、パノラマ撮影による堤体の歪みを極力抑え、ダムを境に上下流を対比させた。下流側に見えるような谷をダムによって堰き止め、上流側に大きな湖を形成している様子が分かる

## パノラマ機能で撮る❷

### 湯田ダム（岩手県）

重力式アーチダムをパノラマ撮影機能で撮影したもの。パノラマ撮影機能で目一杯にダムを入れて撮影することによって、あえて堤体を歪ませてアーチ形状をより際立たせている

ダムを楽しむ

# ダムカレーを楽しむ

ダム巡りの行程に組み入れたい魅力的な食事メニュー

**アーチ式**
**ダムカレー**

カレー圧（水圧）を左右の地盤（皿）に逃してルーを堰き止める構造。

**重力式**
**ダムカレー**

ごはん（コンクリート）の重さでカレー圧（水圧）を受け止める構造。

**ロックフィル**
**ダムカレー**

遮カレー（遮水）するコアを上下流に配置したごはん（岩石）で支える構造。

写真はいずれも三州家で提供されているダムカレー


**宮島咲**
**ダムマニア&ダムライター**

1972年、東京都生まれ。日本ダム協会認定元ダムマイスター、老舗割烹料理店「割烹三州家」5代目ダム事業部長。28歳頃からダム巡りを始め、2002年ウェブサイト「ダムマニア」を開設。著作に『ダムマニア』（オーム社）、『ダムカード大全集』『ダムを愛する者たちへ』（スモール出版）など。さまざまな角度からダムや水源地をプロモーションする事業を展開し、ダムへの理解促進とダムファンの拡大に尽力している。


## 見た目も楽しく放流できるカレーも

ダムカレーとはなんなのか。一般的には、堤体をライス、貯水池をルーで表現したカレーの事を指す。その歴史は複雑で、形と名称で異なる2つのルーツを持つ。形でいえば、昭和40年代に登場した黒部ダムの「アーチカレー」がその先陣だろう。扇形のライスにカレーをかけた構造だった。一方、名前でいえば2007年から東京都の飲食店で販売された「アーチ式ダムカレー」がその先陣になる。こちらは、ダム本来の目的である「堰き止める」という機能を重視し、ライスが本物のダムの様な構造となっている。

ダムカレーは2009年頃から増え始め、現在は約90種類のダムカレ

## 三州家・アーチ式ダムカレーの施工手順【割烹三州家 ダム事業部】

**基礎地盤の選定**

ダムに適した基礎地盤（皿）を探す。できるだけ堤高を稼げ、できるだけ少量の骨材（ごはん）で済むようなものを選定する。ラーメンどんぶりが最適だろう

**基礎地盤のチェック**

基礎地盤を選んだら、漏カレーしないか地盤をたたいて強度をチェックする。地盤にひびが入っていると、湛水後に想定を上回る被害が起きてしまう場合がある

**地鎮祭**

神に、この地にダムを建設するお許しを得る。オカルトめいているが、日本古来より受け継がれる重要な伝統行事だ。けして疎かにしてはならない

**定礎式**

いよいよダムを打設するのだが、その前に行う式典が定礎式だ。ダムカレーの場合、一粒の骨材を基礎地盤に打ち込む

**打設**

ライスバケットを用いて打設。0.0003㎥（300ml）のライスバケットが手ごろだろう。本当のダムはこの作業を何千回と繰り返すが、ダムカレーは1回で完了だ

**締固め器具**

しゃもじローラー2本で骨材を締め固める。大小のしゃもじローラーを使用するのがよいだろう。大きい方は上流側、小さい方は下流側に用いる

**締固め**

締め固め初期は豆腐の様な形を目指す。長方形になったら、少しずつ上下流面から圧力を加えて両岸方面に長く伸ばす。すると、自動的に堤高も増してくる

**湾曲**

骨材が両岸に接合し、目標とする堤高になったら堤体を少しずつ扇形に曲げる。しかし、極端に曲げることは禁物だ。多少曲がっているかなと思う程度でよい

**オーバーハング**

堤体が理想の曲線になったら、ここで初めてオーバーハングをつける。堤体中央の基礎地盤と接している部分を、しゃもじローラーで上流側に少しずつ押込む

**堤体完成**

理想の堤体ができ上がったら最終確認だ。両岸と堤体はきちっと着岸しているか、天端は水平か、美しいアーチのラインを描いているかなどをチェック

**副ダム**

ダムは放流設備がなければやがて満水になり、ついには決壊してしまう。それを防ぐため、下流に福神漬けを用いて副ダムを建設する。福神漬けが苦手でも必ず建設すべし

**試験淡水**

上流面にルーを注ぐ。しっかり建設されたダムならば、一気に注いでも決壊しないはずだ。ルーを周辺地盤に垂らさないよう注意する。垂れてしまうと美しさが損なわれてしまう

ーが確認されている。近年は年間約20〜30種類の増殖というペースで、北は北海道、南は沖縄まで、ほぼ全国各地の都道府県で食べることができるのだ。ダムカレーの形状はそれぞれ異なり、唐揚げなどの副材で周囲の景観を表現したものから、堤体のかたちを忠実に表現したもの、堤体が陶器でできているものなど様々。近年では放流できるダムカレーも開発され、目と舌で楽しむダムカレーの枠を超越したものとなりつつある。

さて、ダム巡りの際に困ることは食事であろう。基本的にダムは山の奥にあるため、付近にコンビニやレストランなどないことが多い。ダムカレーは、そんなダム愛好家へ一筋の光を与える商品となった。ダム巡りの行程にダムカレーの食事が組み込まれ、食事難民になることもなくなったのだ。それと同時に、過疎化に悩んでいる水源地の人々に潤いを与えた。

己の空腹を満たすため、そして、水源地の人々に潤いをもたらすため、ぜひ、ダムに行ったらダムカレーを召し上がってみてもらいたい。

## おすすめダムカレー

寒河江ダム
大噴水ダムカレー
（山形県）

このエビフライはなに？と思うかもしれないが、これもダムサイトの風景を表現する大切な食材。このエビフライは、高さ112mまで吹き上がる噴水を表現しているのだ。
（写真：月山湖展望そば処大噴水）

みなかみ
ダムカレー
（群馬県）

3つの型式のダムがある、みなかみ町。これらのダムをモチーフに施工されたのが「みなかみダムカレー」だ。写真のアーチ式の他、重力式やロックフィル式もある。みなかみ町の飲食店7店舗で食べることができる。

温井
ダムカレー
（広島県）

アーチ式としては国内第2位の堤高を持つ温井ダムをリスペクトして造られた温井ダムカレー。その大きさを表現するかのごとく、巨大な木製の皿に盛りつけられたカレーは2～3人前の堤体積を誇る。

とよね村
ダムカレー
（愛知県）

新豊根ダムと佐久間ダムという、大きな2基のダムを抱える村のダムカレー。新豊根ダムは非対称放物線ドーム型アーチという、左右の湾曲が異なる型式。もちろんそれは、ダムカレーでもキッチリと表現されている。

鹿野川
ダムカレー
（愛媛県）

非常に高級感が漂うダムカレー。シンプルなダムサイトの重（じゅう）と副材の重に分かれている。箱庭を造る様に副材をダムサイトに盛り付け、自分だけの鹿野川ダムを建設してみてはいかがだろうか。
（写真：大洲市交流促進センター鹿野川荘）

奥只見
ダムカレー
（新潟県）

奥只見ダムカレーはダムサイトにある2件のレストランで提供されている。堤体に刺さったバルブ代わりのウインナーを抜いて放流開始。ダム管理者になったつもりでダムカレーを食してみよう。（放流できるダムカレーは奥只見レイクハウス製のみ）

ダムを楽しむ

# つい欲しくなる、集めたくなる!?
# ダムカードの魅力

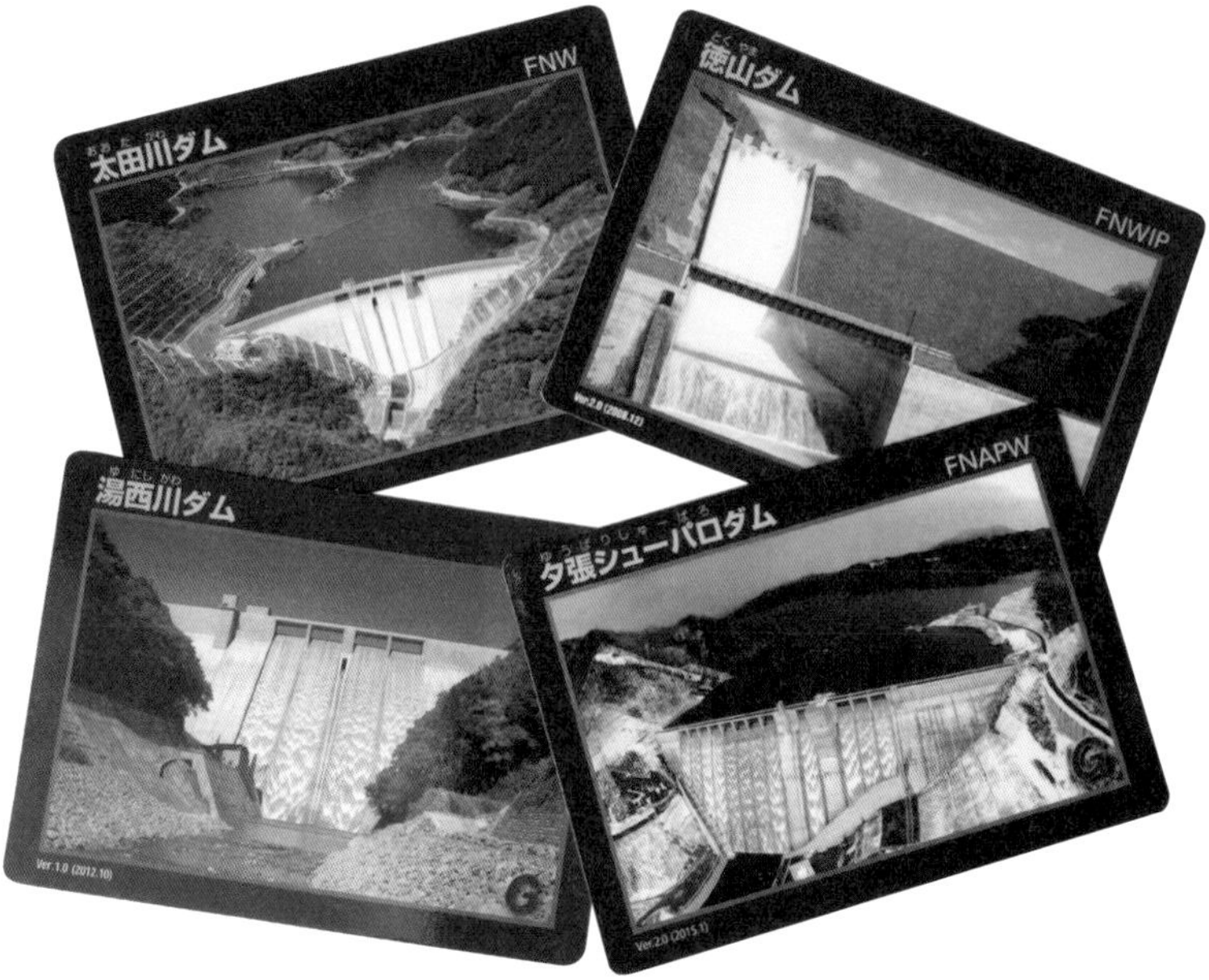


太田川ダム・湯西川ダム・徳山ダム・夕張シューパロダムのダムカード。
それぞれ、現地のダム管理所が配布している

## ダム見学の記念になるカードを制作

近年はダムカードに興味をもつ人が増え、ダム見学やイベントが増えたことで、その存在も知名度が高まってきているが、配布を始めた頃は、まだあまり注目されておらず、カードの配布も、人々の目に物珍しく映った。ではなぜ、カードの発行が実現したのだろうか？

ことの発端は、こうだ。２００６年、東京都内で、あるイベントが開かれた。ＤＶＤ『ザ・ダム』の発売記念として行なわれたトークイベント「ダム祭」である。このイベントは、ＤＶＤを監修した萩原雅紀氏がプレゼンターを務めていた。そこで氏が、参加者に「ダム絵はがき」を配った際、「ダムを見学した時、ダムに行った記念となるカードのようなものがあるといい」というような発言をしたのである。

これがきっかけとなり、国土交通省（以下、国交省）の三橋さゆり氏が着目。ダムカード発行に向けて検討を始める。制作は、思いのほか急ピッチで進み、翌年の春にはサンプルができ、これを元にファンの意見も積極的に取り入れ、デザインが決められた。カードのサイズは、一般に流通しているトレーディングカードと同じ。表面には、ダムの写真・略号による型式、裏面には、ダムの所在地・型式、ゲートの種類などから、詳しいダムのデータや少しマニアックな技術情報などを記載するなど、文章制作も並行して行われた。

## 急速に普及したダムカード

そして、２００７年夏、国交省が、毎年7月21日〜31日に開催している「森と湖に親しむ旬間」で配布することが決まった。発行の目的は、「ダムのことをもっと知ってもらおう」というもので、トレーディングカード

※一時的にダムカードの配布を中止している場合があります。事前にご確認のうえ、お出かけください。

浦山《うらやま》ダム
FNWP
Ver.1.0 (2007.07)

荒川水系の浦山ダムのダムカード（原寸大）は、荒川ダム総合管理所が配布している。サイズは、縦63mm、 横88mm、角のRが2.5mm。表面には、ダムの写真と、略号による目的・型式、バージョンと制作日を記載

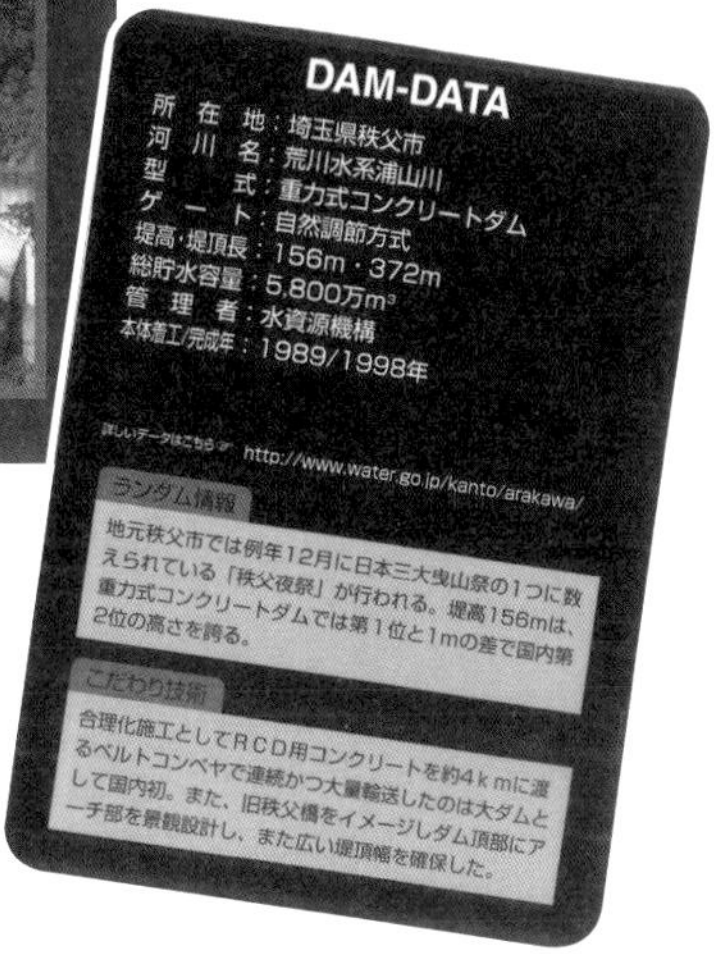
DAM-DATA
所在地：埼玉県秩父市
河川名：荒川水系浦山川
型式：重力式コンクリートダム
ゲート：自然調節方式
堤高・堤頂長：156m・372m
総貯水容量：5,800万m³
管理者：水資源機構
本体着工/完成年：1989/1998年
詳しいデータはこちら http://www.water.go.jp/kanto/arakawa/
ランダム情報
地元秩父市では例年12月に日本三大曳山祭の1つに数えられている「秩父夜祭」が行われる。堤高156mは、重力式コンクリートダムでは第1位と1mの差で国内第2位の高さを誇る。
こだわり技術
合理化施工としてRCD用コンクリートを約4kmに渡るベルトコンベヤで連続かつ大量輸送したのは大ダムとして国内初。また、旧秩父橋をイメージしダム頂部にアーチ部を景観設計し、また広い堤頂幅を確保した。

裏面には、ダムの所在地、所在する河川名、ダムの型式、ゲートの種類と数、堤高・堤頂長、総貯水容量、ダムの管理者、着工・完成した年、URLやQRコードに加え、ランダム情報（ダムや周辺の情報）や、こだわり技術（ダムの特徴的な事項や技術）などが記載されている

2016年に発行された南相木ダムのダムカードは、管理事務所ではなく、南相木温泉・滝見の湯で配布している

南相木《みなみあいき》ダム
P
R
Ver.1.0 (2018/8)

の形をしたミニパンフレットという触れ込みだった。発行するダムは、国交省と独立行政法人水資源機構（以下、水機構）が管理する111基。配布は無料で、枚数は各ダムによってまちまちだが、デザインや規格は統一。ダムに来た人にしか渡さない、1人1枚で原則手渡し、プレミア感は出さない、淡々と真面目に配る、といったルールも決定された。

その後、雑誌やテレビといったマスコミに取り上げられるなど、話題性もアップし、ファンの間でも好評価を得た。これらのダムカードは当初、国交省と水機構が管理する完成したダムのみであったが、その後、建設中や改修工事中のダム、電力会社が管理するダム、県営ダムなどでも制作が始まり、配布するダムの数は、右肩上がりに急上昇。配布数は、2011年には2000に上り、2014年は3000を超え、2019年には6000を突破した。

なお、国交省と水機構以外が発行したカードでも、国交省の「ダムカード配布場所一覧」に掲載され、統一規格どおりに作られているものを「統一デザインのダムカード」（公式ダムカード）と呼び、規格からは外れるが、一覧に掲載されているものを「統一デザイン以外のダムカード」（非公式ダムカード）と呼んで、区分している。

## ダムカードの新しい展開

ここまでダムカードが話題になり、普及したのは、やはり、ファンの人々の意見やアイデアを積極的に取り入れたからだろう。ただ発行するのではなく、収集する側の立場に立って制作したことが、大きく功を奏したのだ。また、現地に行かないと手に入らないというのも、魅力を増したひとつの要因だといえる。また、見学ではなく、カードを集めるだけという人も増えており、年齢層も幅広くなってきたという。

ダム見学に加え、周辺の観光を目的にカードを発行する自治体や観光地も現れ、完成後、50周年・60周年などを経たダムや、土木遺産や重要文化財に指定されたダムが、記念カードを発行するなど、制作の拡大は枚挙にいとまがない。その一方で、『ダムカード大全集』が出版されたり、カードを使った『ダムかるた』なるものも登場し、ファンの間で評判になっている。果たしてダムカードは、従来のミニパンフレットという枠を越えて、どのような展開を見せるのだろうか。興味は尽きない。

北上川水系に水没した、石淵ダムのダムカード。もうこの雄姿を見ることはできない

東京電力が管理する発電専用ダムの丸沼ダムだが、東京電力の発行ではなく、地元の片品村観光協会が配布している

山梨県甲府市にある荒川ダムのダムカード。景勝地として人気の高い昇仙峡の近くにある。表面の岩（リップラップ）の配置にこだわり、見た目の美しさも意識して造られたロックフィルダムだ

香川県観音寺市にある豊稔池ダムのダムカード。中世ヨーロッパの古城を思わせる堰堤は一見の価値あり。日本初のマルチプルアーチダムで、国の重要文化財に指定されている

# ダムカード配布の秘話を語る

国土交通省
関東地方整備局
利根川上流河川事務所長
三橋さゆり

私が、河川環境課に所属していたころ、ダムのカードを作りたいという声を聞くことがあり、ダム好きの方々と交流を重ねるようになって、「あっ、これはいける」と直感しましたね。当時は、ダムを見学するという行動が、まだそれほど一般的ではなかったので、「ダムに足を運ぶモチベーションにもなり、いい刺激にもなるのでは」と思いました。

## ポケモンのカードを参考にサンプルを制作

そこでまず、ポケモンのトレーディングカードを娘から借りて、縦横と角のRを定規で測り、Wordで手作りのサンプルを作りました。これは、あまりが出来がよくなかったので（笑）、萩原さんや宮島咲さんをはじめ、ダムファンの方々からいろいろ意見やアイデアを出していただき、印刷はプロの印刷所の方にお願いして、だいたい今の原型にたどり着きました。制作にあたっては、前例がなく、国交省の制約もなかったので、電光石火の早さで進んでいきました（笑）。

## 派手な宣伝はせず、自然に広がるのを待つ

カードの配布は、派手な宣伝はしないで、無理に押し付けず、じわじわと広がるのを待ちました。そして、ご自由にお取りください、というシステムではなく、ダムの職員が手渡ししています。遠くから見学にいらした方が、事務所のインターホンを押して、職員が対応にあたり、お客様とコミュニケーションを取ることは、とても大切なことだと思うんです。

最初にダムカードを配布した際、その方の目の前で、カードを包んであった包装紙をビリッと破いて渡したところ、とても感動してくださいました。それからは、「ダムで最初にお渡しする時は、お客様の目の前で破いてほしい」と職員にお願いしています。手渡しすることで、見学にいらした方に、目の前で喜んでもらえた時は、本当に何よりも嬉しいんです。

今では、イベントで使用されたり、割引クーポンのようなサービスも現れたり、想定外の使われ方も出てきています。しかし、私たちは、あくまでも基本に返って、今後も、奇をてらわず、淡々と配布することを心がけています。やはり見学して、ダムの魅力を知ってもらうことが最優先ですから。現在、都道府県でカードを発行していないところは、ほとんどありません。ダムカードが増えただけでなく、ダム水源地域の地元がカードを活用して、地域振興に役立ててくれるというケースも増えてきて、ダムカードは今、新しいステージを迎えているのだと思います。

ダムを楽しむ

# ダム紙幣&ダム切手

## 意外に多い！ ダムの造形美が描かれた世界の紙幣

**ベネズエラ・ボリバル共和国 5000ボリバル**
発行年 2000年／Guri dam

描かれているのは1989年に完成した発電用ダム。放流の豪快な水煙が描かれている。ダム手前にあるたくさんの送電鉄塔は、実際に現地で絵柄のように林立している

**エルサルバドル共和国 1コロン**
発行年 1982年／Cerrón Grande dam

描かれているダムはロックフィルダムだが、大きくアーチ状になっているのが印象的。左岸の余水吐からの放流もバッチリ描かれている

### 世界で発行されるダムの絵柄の紙幣

「お札の絵柄」といえばどんなものを思い浮かべますか？　おそらくそのお札が発行されている国にゆかりの人物であったり、風光明媚な景色や動植物を思いつくのではないでしょうか。ところが世界に目を向けてみるとダムが描かれている紙幣が存在しているのです。ダムなんて特殊な例だろうと思っていたのですが、調べてみたところ確認できるだけで世界の国の4分の1にあたる57カ国で156枚が発行されていたのです。そう、ダム紙幣はどちらかといえばメジャーな絵柄だったのです。

確認できる最古のダム紙幣は1940年代にインド・イラン・エジプトで発行されたものです。それ以来世界各地でダム紙幣が発行され、1970年代に23カ国・延べ32枚が発行されるダム紙幣発行のピークを迎えます。その後80年代に若干減少するものの90年代から2000年代にかけても15カ国以上の国で発行され続けています。

発行されている地域は若干偏りがあり、アフリカとアジア地域での発行が6割ほどを占め、逆に北米・オセアニア地域での発行はこれまでに確認できていません。ただし、1866年にカナダで発行された20カナダドル紙幣にはビーバーのダムが絵柄として採用されました。

**高根たかね**
たまたま出かけた富山県の黒部ダムを目にして衝撃を受け、2001年にサイト「ダム日和」を開設。インドア派のダムマニアとしてダムの地図サイトの「Dam Maps」やダム湖シミュレータ「どこでもダム」など、地理情報技術に絡めたダムのサイトの制作・公開を趣味として行っている。砂防事業にも興味があり、しぶしぶ山登りをすることもある。2013年よりダム紙幣収集を始め、現在71枚所有。
「ダム紙幣」http://pm.dammaps.jp/

**マラウイ共和国 500クワチャ**
**発行年 2012年／Mulunguzi dam**

2001年に完成した上水道用のロックフィルダムのダム紙幣。余水吐の呑み口の部分が紙幣に描かれている。目的が上水道用ということにちなむのか中央に蛇口が描かれているのも特徴的。中央に蛇口が描かれているのも特徴的。発行年2012年は世界で最も新しいダム紙幣となる

**（旧）ザイール共和国 5ザイール**
**発行年 1985年／Inga I dam**

現在のコンゴ民主共和国で発行された紙幣。バットレスダムの堤体と下流の発電所が描かれている。2000年に発行された100ボリバル紙幣では、その後1981年に作られたInga II damとともに描かれている

**ジンバブエ共和国 500ジンバブエドル**
**発行年 2006年／Kariba dam**

ジンバブエ・ザンビア国境に作られたKariba damがモデルだが、豪快に放流している上下2段10門のクレストゲートは実物（6門）から増やされている。ちなみにハイパーインフレにより2008年に発行された50兆ジンバブエドル紙幣にも同ダムが描かれているが2門しか放流されていない。放流に物価の安定の願いを込めたのかもしれない

## ダム紙幣に描かれるモチーフ

ダム紙幣を集めて眺めていると、ダムとともに描かれることの多いモチーフがあることに気づきます。ひとつはダムの放流です。紙幣の絵柄には偽造されにくいようにヒゲやシワなど多い人物が採用されるという話をしばしば耳にしますが、放流を描いた複雑な水流や水紋が偽造防止に一役買っているのかもしれません。

もうひとつのモチーフは鉄塔です。ダムのそばに水力発電所があれば送電鉄塔くらい立っていて当然じゃないかと思われるかもしれませんが、紙幣によってはあえてわざわざ鉄塔を描いているようなケースがあるのです。ダム紙幣を集めだして、紙幣の

**ドミニカ共和国**
**5ペソ**
**発行年 1978年／Valdesia dam**
背景にはない送電鉄塔が描かれている例。紙幣は凹版版画なので鉄塔のような細い線と相性がよいのかもしれない

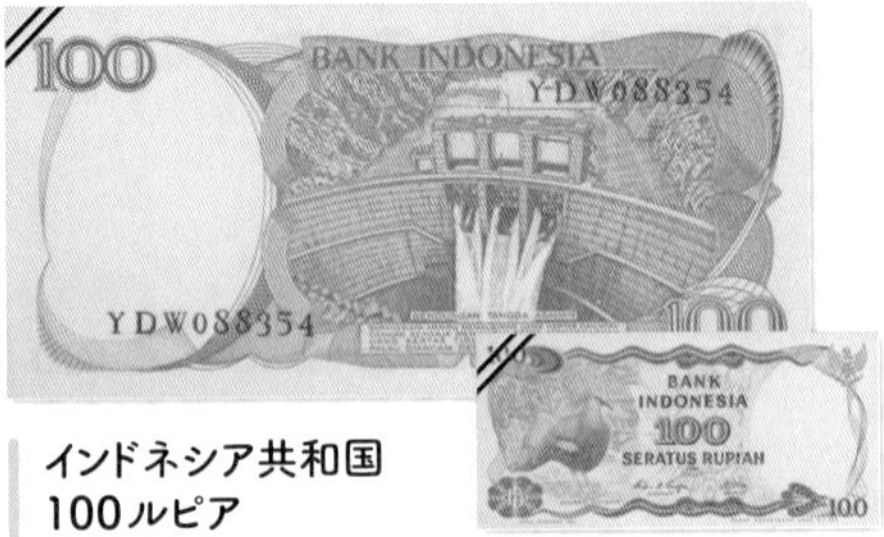


**インドネシア共和国**
**100ルピア**
**発行年 1984年／Tannga dam**
ダム紙幣の中で一番よく描かれたアーチダムはこの紙幣だと思う。堤体の薄さやクレストゲートの精密な書き込み、ダムサイト付近の両岸の様子など見ていて飽きない

絵柄になぜダムを採用したのだろうとずっと気になっていたのですが、ダム紙幣のダムは電力インフラの象徴として描かれているのかもしれません。

## 国内でも発行されるダムの切手

主に記念切手としてダムの絵柄の切手も世界で発行されています。日本国内でダム紙幣が発行されたことはありませんが、切手はこれまでに5種類発行されています。2枚は佐久間ダムと小河内ダム竣工時に発行された記念切手で、3枚は「ふるさと切手」とよばれる日本各地の風物や行事を取り上げた切手シリーズの一環として発行され、黒部ダムなどが描かれました。また、2016年にはフレーム切手として「魚沼市ダムラインナップ」が発行されました。

ちなみに、ダムではありませんが、1939年に発行された通常切手の3銭切手には水力発電所が描かれています。

**佐久間ダム**
1956年発行、
佐久間ダム竣工記念切手

**小河内ダム**
1957年発行、小河内ダム竣工記念切手。
小河内ダムのダム湖に大きな蛇口が描かれた記念印が用意された

**黒部ダム**
1994年発行、
ふるさと切手
「黒部峡谷と黒部ダム」

**日吉ダム**
1998年発行、
ふるさと切手
「日吉ダム」

**ソ連**
**ヌレークダム**
1974年のソ連の切手。堰堤高世界一のヌレークダムが絵柄に採用されている

**温井ダム**
2002年発行、
ふるさと切手
「広島県北散歩」

ダム好きならどれも買いたくなる！

# ダムグッズ

**マニアパレル** http://blog.livedoor.jp/r2koba/

ダム以外にも、土木構造物や産業遺産から「廃道」「うどん・そば」まで、さまざまなマニアックなモチーフのグッズを展開。ジュンク堂書店札幌店・池袋店・梅田店・福岡店や、一部の道の駅などでも扱っている。

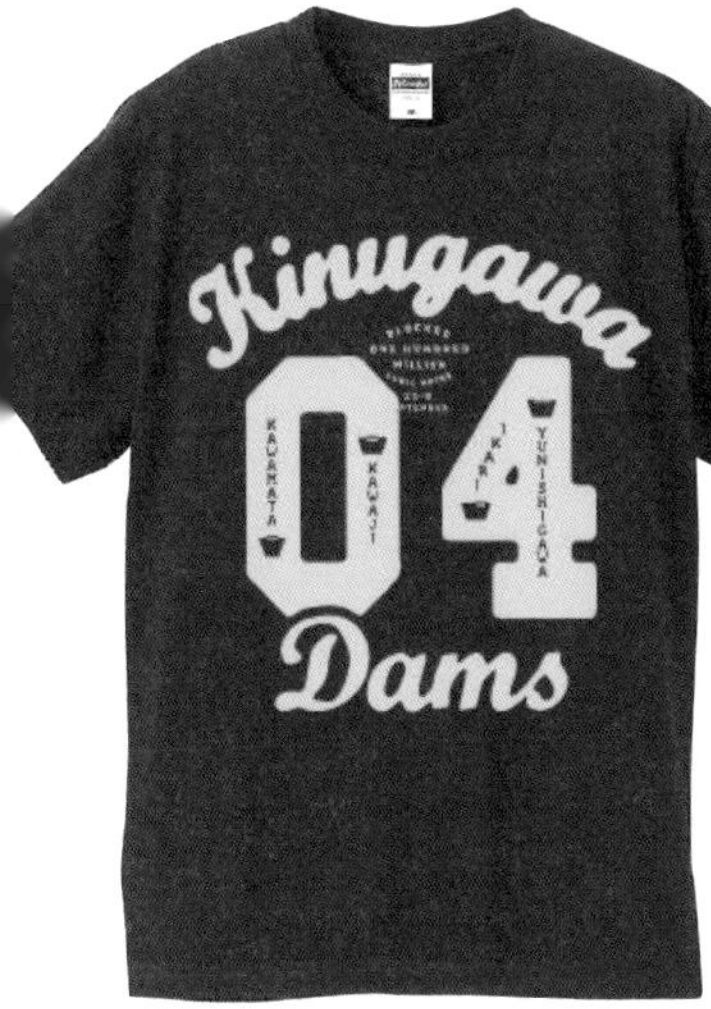


鬼怒川4ダムTシャツ
**2680円**（税抜）
2015年、東北豪雨時の活躍でダムアワード大賞を受賞したことを記念して翌2016年のダムアワードイベントで販売

## ダム好きをアピールするユニークなグッズたち

応援しようにも、ダムは自らグッズを作ってくれはしない。ならば、その気持ちを、ファンが作って共有すればいいではないか。その結晶が、ここにあるような数々のダムグッズだ。どれも、マニアパレルが個人的に10年程前からコツコツと制作し、頒布しているもの。一部はダムの公式イベントのために制作されたものもあるが、ほとんどは私的に制作されたもの。ダムのファンイベントや、マニアパレルを扱うショップで入手できる。

Tシャツは、ここで紹介した以外にもさまざまなものがあり、作者も把握できないほど。再生産の都度、カラバリや素材が変わったりしている。実際のダムサイトでこのTシャツを着ていたら「あ、仲間だ」と声をかけるべし。

人気商品は、汎用性が高い手ぬぐいやトートだが、ファンが持っているべきは「ダムグルミ」ではないだろうか。ダムの知識がなければ、何のぬいぐるみかわからない造形。腰部サポートクッションのような、そうでないような…。

自宅だけでなく、職場でも密かにダムグッズを周辺に配置し、じわじわと「ダムが当たり前」の世界を作ろうではありませんか。

ダムステッカー **1200円**（税抜）
クルマによく貼ってあるステッカーをもじったもの

ダムぐるみ **2963円**（税抜）
重力式コンクリートダムを模したぬいぐるみ。
これはソファーにすわったまま抱きかかえればいいのか…

## 日吉ダム洪水調整記念Tシャツなど

**2680〜5900円**（税抜）

2013年、台風18号での活躍でダムアワード大賞を受賞したことを記念して翌年のダムアワードイベントで販売されたTシャツなど

## 高山ダムTシャツ

**2680円**（税抜）

イベント「ダムナイト6」用に作られたTシャツ。「6-4-1」の意味するところは、ローラーケート数、高圧ラジアルゲート数、ホロージェットバルブ数だ

## 「ダムカードを集めています」Tシャツ

**2680円**（税抜）

工事現場で見かける看板がモチーフ。カード収集時に着用したい

## ダム放流ポロ

**3990円**（税抜）

ダムと放流の水飛沫をワンポイント刺繍している

## ダム用途記号Tシャツ

**2680円**（税抜）

FNAWIPにSRを加えたTシャツ

## うさダム&ダム形式記号Tシャツ

**2680円**（税抜）

堤体を擬人化（擬兎化）したものと、「アーチ式」などの形式をデザインしたもの

### ダムマグネットステッカー 1800円（税抜）

定番「ダムを巡ってます」「ダム愛高排出車」に、新作「あぶない!川に入らないようにしましょう」をあわせてマグネットステッカー化! 「あぶない!〜」は、某ダムの河川管理事務所注意看板製作時に幻となってしまった@ANI3作の秘蔵デザイン

### ダム容量水位確認マグカップ（新・旧水位名称併記仕様）

**2000円**（税抜）

最新の水位名称をメインとしながら、ダムファンの耳になじみ深い「サーチャージ水位」や「常時満水位」も併記。最低水位内訳は、「堆砂容量」の上に「死水容量」と書かれているほか、カップのフチには設計最高水位（設計洪水位）と記されているところもおもしろい

### ダムハンコ八種盛り

重力式コンクリート／重力式アーチ／アーチ式コンクリート／中空重力式アーチ式コンクリート／ロックフィル／バットレス／マルチプルアーチ／コンバイン

**1500円**（税抜）

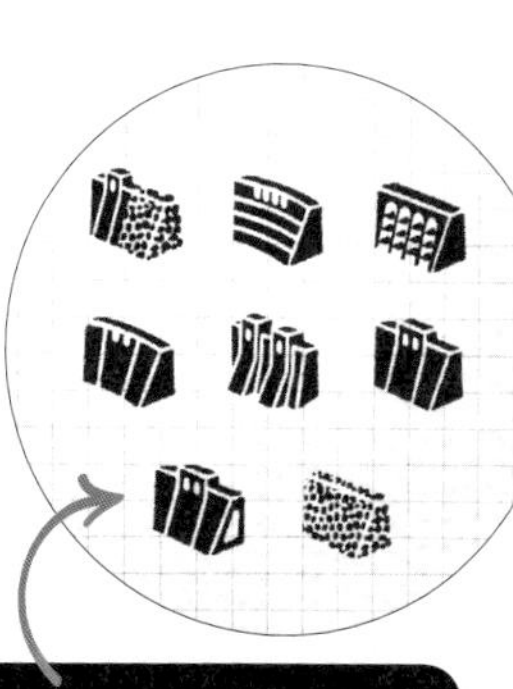

名刺に、手帳に、ノートに、色んなところに「ダムラブ」をアピールできる。通常のクラシックな赤ゴムではなく、細かな図案まで綺麗にスタンプできるよう、新素材「ポリエチレン製フォームラバー（白色）」を採用している

### ダム水筒 1800円（税抜）

「発電用水」「P」と書かれた水筒

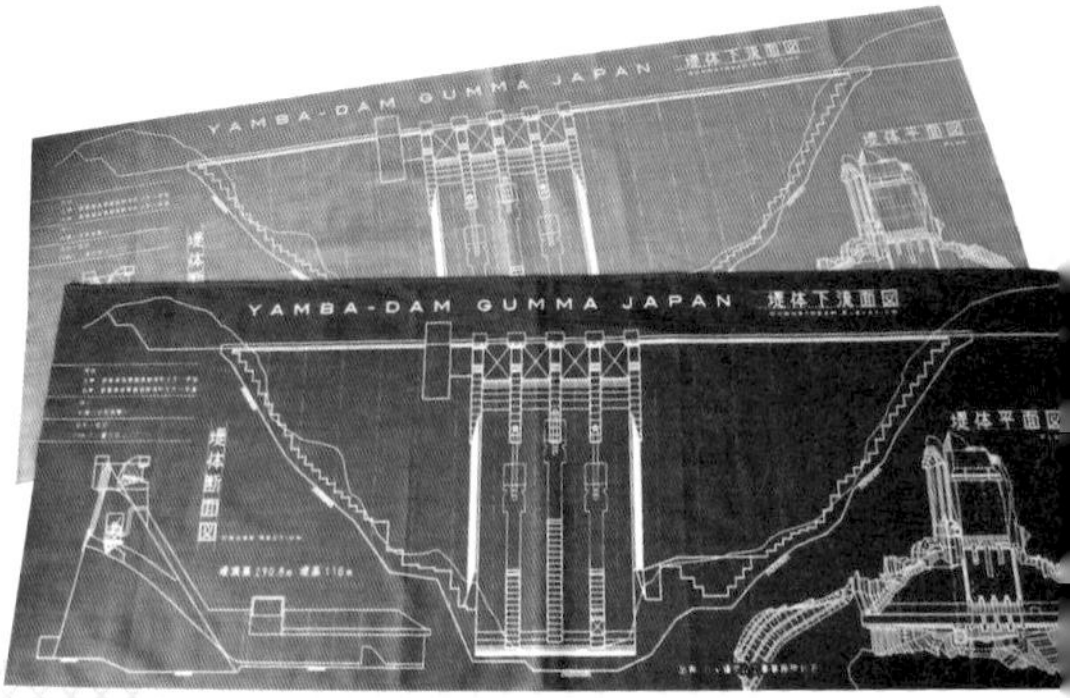


## ダム図面手ぬぐい 1200円（税抜）

八ッ場ダムの図面をデザイン。色は「青焼き」をイメージした青と水色

## ダム式万歳手ぬぐい 1200円（税抜）

「ダム式バンザイ」は、ダムの完成を祝う際に行われていたもので、ダムを含めた河川の安全を祈願するもの。今でも一部のダム関係者〔および一部のダムマニア〕が飲み会の締め等で行ってるという。このダム式バンザイの竣工手順を丁寧に説明している手ぬぐい

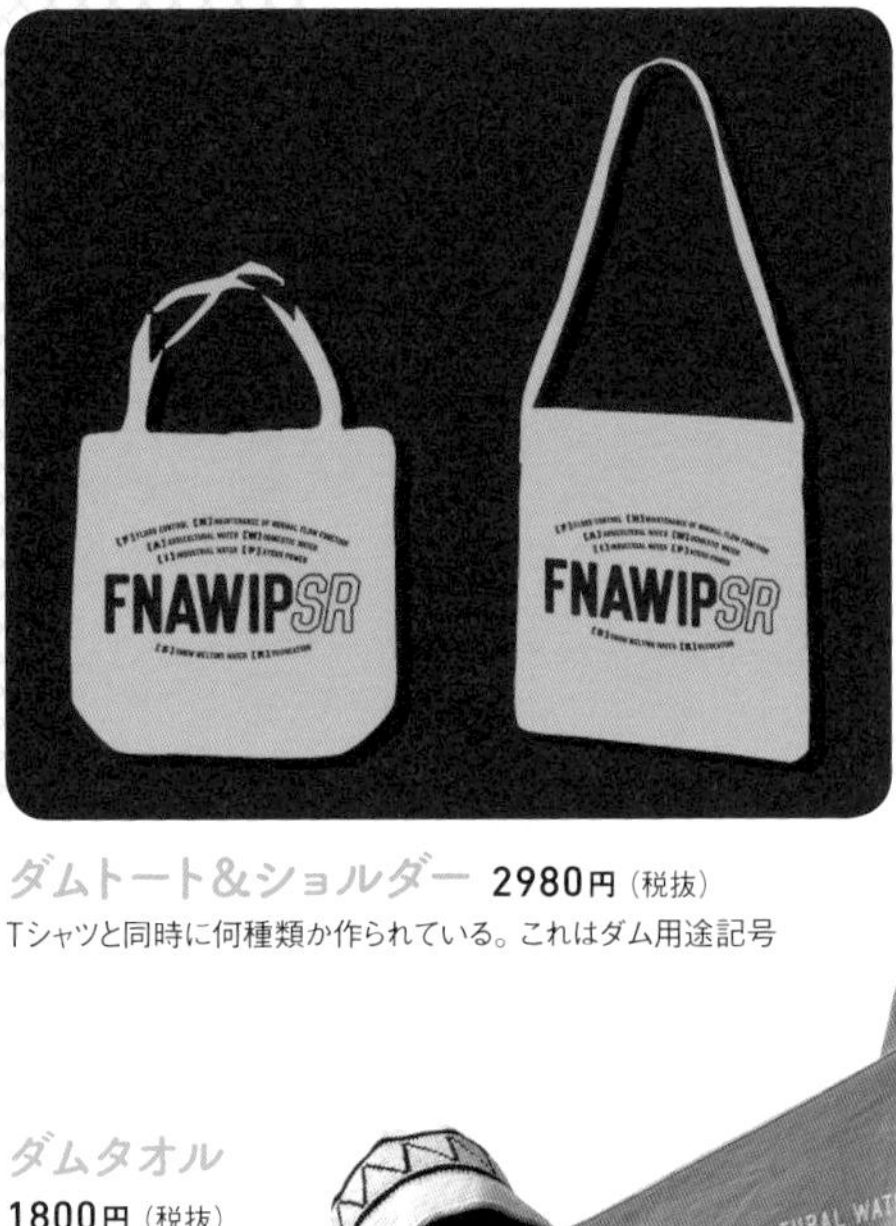


## ダムトート&ショルダー 2980円（税抜）

Tシャツと同時に何種類か作られている。これはダム用途記号

## ダムづくし手ぬぐい

1200円（税抜）

重力式コンクリート／重力式アーチ／アーチ式コンクリート／中空重力式アーチ式コンクリート／ロックフィル／バットレス／マルチプルアーチ／コンバインという8つの形状のダムをランダムに並べた図柄。ひとつだけ放流してるダムがあるので探してみよう!

## ダムタオル

1800円（税抜）

FNAWIP＋SR。
デザインは2種類ある

第3章

# ダムをもっと知る

ダムはそれぞれに深い歴史を背負っている。
ダムができる前にあった生活。
計画し、造る人たち。
ダムや事業から何かを読み取る人たち。
ダムにまつわるすべてを理解しよう。

長井ダムに沈んだ管野ダム（山形県）

ダムをもっと知る

# ダムと橋

## 切っても切れぬその関係!?

### 堤体の下流側とダム湖側で橋の形式に違いができる!?

ダムの周辺には「いい橋」が多い。堤体の前を横切り、堤体撮影の視点を提供する橋、湖面を横切る橋。それらが、実は歴史的に意義があったり、あるいは最新のもので土木構造物鑑賞趣味的におもしろいものだったりする。また、立ち入りはできないが、取水塔への通路やゲート上にも各種の橋が架けられていることがある。ダム建設のために架けられた橋もあり、橋はダムと密接に結びついている。

　ダムの近くの橋になにか傾向があるかといえば、これは印象からのものだが、堤体前の下流側のものは、ダムが川幅が狭まったところに造られることが多いために小振りで特徴あるものが多い。そして、ダムの歴史が古いほど橋も古く、地元の思い入れが含まれていて碑が建っていたりする。時には実験的なものや現代では使われない形式が残っていて、土木学会が「歴史的に意義がある」と認めた橋も多い。

　ダム湖側には大規模なものが架かっていることが多い。ダム湖は深さも幅もあるために大規模にならざるを得ず、となると橋脚は少ないほうがよく、径間（橋脚間の距離）を長くとれる形式が選ばれる。そのため、吊橋や大きなアーチ橋が多くなる。

　ここでは、珍しい形式のものを中心に見ていこう。

### 丸山ダムと のぞみ橋・小和澤橋・旅足橋（岐阜県）

堤体前に架かる三日月型ののぞみ橋は「吊り床版橋」といい、吊橋のケーブルが下にある構造だ。土木学会田中賞を受賞しているが、新丸山ダム建設のための仮設橋だ。その向こうに旧橋の小和澤橋が見えている。右写真は旅足（たびそこ）橋といい、吊橋のケーブルを補剛桁の上部が兼ねているという非常に珍しい橋。新丸山ダムに沈む予定

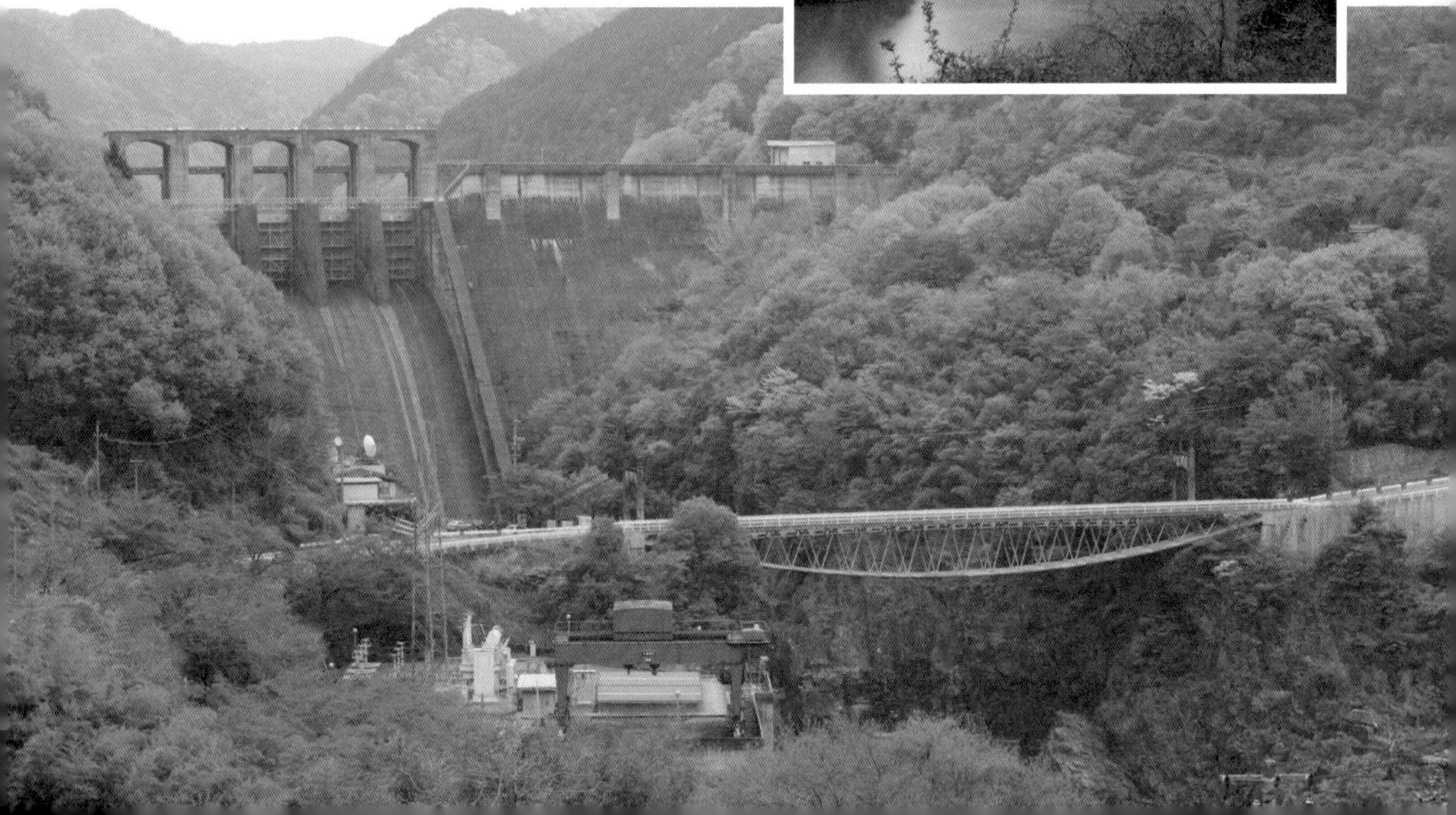

## 大井ダム と 東雲橋（岐阜県）

大井ダム真正面に架かる、大井ダムに行った人なら誰もが渡っている橋。実は下流の県道の旧道。ボーストリングトラスという珍しい構造

## 大夕張ダム と 三弦橋ほか（北海道）

シューパロダムに沈む際に話題になった、森林鉄道の廃線跡・三弦橋。上の写真左下に見えている三菱石炭鉱業大夕張鉄道の旭沢橋梁とともに、いまはダム湖の中にあり、湖面が低いときには顔を出す

## 豊平峡ダム と カムイ・ニセイ橋（北海道）

豊平峡ダムの堤体に差し掛けてある橋だが、堤体に橋の重さを載せることはできず、ダム湖上に架かるため工事に制約もあるため、対岸からの片持ち構造となっている非常に珍しい橋

**長安口ダム** と長安吊橋（徳島県）

長安口ダムの視点場を提供してくれる吊橋。ケーブルのアンカーが岩盤に打ち込まれているところもドボク心をくすぐる

**平瀬ダム** と
木谷原橋（山口県）

19世紀末に九州鉄道が輸入したドイツ・ハーコート製のボーストリングトラス橋が、現在建設中の平瀬ダムの近く架けられているが、ダム工事の進展とともに撤去予定

## ダムの付属施設として

加枝発電所（高知県）のゲート上の通路は立派なワーレントラス橋だ

大渡ダム（高知県）の取水塔への通路はプラットトラス橋

ダムをもっと知る

湖底とその周辺

# ダムに眠る廃道&廃線

宮ヶ瀬ダム（神奈川県）の低水位により忽然と姿を現した、かつての県道。舗装の残る路面には、オレンジ色の道路標示までもがくっきりと見えていた


**平沼義之**
**廃道探検家（オブローダー）**
廃道や廃線など、使われなくなった交通路の探求に生きる、秋田県在住のオブローダー。ダムはほぼ例外なく道の新設と廃止を伴うことから、その近隣には頻繁に出没する。特に夏場は多くの廃道が藪に覆われてしまうため、貯水位低下によって湖底という新天地を示すダムに癒しを感じている。webサイト「山さ行がねが」（https://yamaiga.com/）主宰。


## ダムには「道」が沈んでいる

ダムのダイナミズムは、谷を塞ぐ巨大構造物という〝そのもの〟の威容もさることながら、それが生み出した広大な水域の景観にも大いに威を求めることができるだろう。ダムは巨体に見合う膨大な水を背負うとき、この世に生み出された真価を最大限に発揮している。

そんな人類の偉大な仕事を誇るように煌めく湖面が、さまざまな事情によって著しく低下して涸渇に近付こうとするとき、我々は初めて湖面の下に普段隠されている部分を見ることができる。そこにあるのはいうまでもなく、ダムが生まれる以前の陸上の面影である。

もっとも、目に写る湖底の景色は万人に等しくとも、その感じ方、情景というものは、一言では言い尽くせない。例えば、湖底となった土地と何かの所縁を持つ者と持たざる者との間には、少なからず隔たりがあるはずだ。かくいう私は、日本中のあらゆるダムについて後者の気楽な立場に過ぎないが、ダムの水が引いたと聞けば馳せ参じたくなる。その目的は、愛すべき廃道・廃線との貴重な（本当に貴重な）出会いを求めてに他ならない。

ここでは私がそんなよそ見がちなダム行脚で目にしてきた、ダム湖底とその周辺にある、ダムの建造によって役目を終えた道路や鉄道たちの「いま」を紹

個人的に、ダム水没廃道の美しさナンバーワンに挙げたいのが、草木湖の湖底にある国道122号の旧道だ。この橋は「内手橋」といい、昭和32年に完成したが、それから20年ほどで湖底となった

「内手橋」の四隅には親柱が残っており、橋名と完成年と河川名、そして当時の路線名である「日光大間々線」が刻まれている。国道になる前の県道時代の貴重な遺物である

群馬県みどり市にある草木ダムが作った草木湖の湖底には、国鉄足尾線と国道122号の一部区間が沈んだ。国道は比較的浅い位置に沈んでいるため、毎夏のように浮上して豊かな草原となる。頭上を渡るのは、湖面を横断する草木橋だ

冬場に撮影した、満水時の草木湖。遠くに見えるのは草木橋である。上の写真と比較すると水位の変動の大きさが分かると思う。当然、あの豊かな草原と旧国道も完全に水没している

介しようと思う。もっとも、ここで採り上げたのはごくわずかだ。全国に数多あるダムのうち、「道」の大小を問わなければ、それらを少しも水没させなかったものは皆無であろう。

## ダム廃道・ダム廃線の成因と傾向

　岩手県西和賀町にある湯田ダムは、昭和39（1964）年に北上川水系和賀川に完成した堤高約90mの重力式アーチダムだ。和賀川は東北地方を二分する奥羽山脈の奥深くまで楔《くさび》のように刻まれた深い横谷であるため、沿川は古来より東西を結ぶ交通路として重用されてきた。それは近代以降も同様で、ダムが建設された当時、ここには国道107号と国鉄横黒線（現在のJR北上線）があって、北東北横断路の重要な部分を占めていた。もちろん、こうした歴史ある交通路の周辺には自然と多くの集落も成立したが、ここでは交通路とダムの関わりに絞って話を進める。

　湯田ダムの建設により、「使えなくなる」道路や鉄道の区間は、国道が約13kmと村道が約22km、さらに鉄道が15km余りであった。湯田ダムは決して小さな

10年に一度行われる湯田ダムの定期検査のために、特別に水位の下がった錦秋湖の湖底に現れた、大荒沢駅のホーム。国鉄横黒線の駅として大正13年に開業したが、38年後の昭和37年に湯田ダムの建設に伴い廃止された。写真では判別できないが、ホーム上には改札口の木柵が現存している

ダムではないが、たったひとつのダムが与える影響の広さを、これらの距離は如実に示している。個人的には湛水面積6300haと書かれてもピンと来ないが、日常的に利用している道路の長さからは、その規模を容易に想像できるのだ。

ところで、ダムによる交通路の廃止というと、水没という現象が真っ先に思い浮かぶし、実際にそうなる部分は多いが、道は繋がっている必要があるので、ダムの下流側にも当然「使えなくなる」部分が生じる。このように、湛水面積には直接含まれ

佐久間湖の水位低下によって僅かに姿を見せた、国鉄飯田線の旧線トンネル。中央右奥の岩壁にも別のトンネルが見える。佐久間ダム建設のため、昭和30年に旧線13kmあまりが約17kmの新線に付け替えられた

福島県西会津町の阿賀川に架かるこの柴崎橋は、昭和13年に開通し両岸の集落を結んでいた。昭和34年に橋のすぐ下流に上野尻ダムが完成したことで、道路は天端に移り、橋は廃止された。以来半世紀以上経つが、今も骨組だけの姿となった橋だけが湖を渡っている

大井川鐵道井川線の奥大井湖上に架かる橋から見下ろした旧線。レールが敷かれたままになっているのが見える。この区間の鉄道はもとは井川ダムを作るために生まれたが、その後の長島ダムの建設により付け替えを余儀なくされた

ない区域にも、ダム廃道やダム廃線は膨大に存在する。

なお、ここで湯田ダムを取り上げたのは、私にとって水没した交通路の印象が特に深いという個人的理由が大だが、一般化できる部分もある。たとえばその立地だ。集水力や地質といった環境的な要因から、しばしば大規模ダムの好適地とされるのは、山脈に深く刻まれた横谷である。だがその一方、そうした地形は山脈の表裏を結ぶ交通路として既に開発・利用されていることが多い。ダム廃道・ダム廃線の大量出現と、この事実は無関係ではない。

## 湖底にある廃道・廃線の魅力とは

湖底の廃道・廃線の際だった魅力は何か。そもそも、廃道や廃線の魅力としてしばしば挙げられるのは、そこに過ぎ去った時間の面影がいろいろな形で残っているということだろう。現代とは違う技法で作られた橋やトンネルといった土木構造物はもちろん、古いデザインの道路標識や、当時の利用者が投げ捨てた空き缶でさえも考古的な価値を持ち、ノスタルジーを醸し出す。放置された廃道や廃線は、時代の流れから容易く取り残され、保存される。

私がダム行脚で思うことは、一般的に湖底という環境が、陸上と比べてみると、遥かに廃道や廃線の保存に向いているということだ。陸上といっても環境はさまざまだが、変化の多い都会は言うに及ばず、山岳地にあっても木々の生長や降雨に伴う土砂流出などから、廃道や廃線の風化は思いのほか早く進む。だが湖底という環境は（地形にもよるが）、緩やかなペースで堆砂が進むくらいで、かなり平穏であるようだ。コンクリートなども陸上にあるよりも劣化が遅く見える。また、陸にはない浮力や水圧も、廃道や廃線の遺構にとっては余り影響がないようである。

ここでも湯田ダムを例にとれば、その湖底に沈んだ大荒沢駅の跡地には、今なお明瞭にホームの構造が見て取れるばかりか、水没時点で撤去されなかったらしき木造の改札柵が現存していることが、水没から半世紀を経た２０１３年時点で確認されている。おそらく湯田ダムの場合、滅多に駅跡が浮上するほどの低水位にはならない（約10年に一度）ので、そのことも、高い保存状態に寄与しているのだろう。頻繁に浮上する湖底は、その分だけ陸と同じような風化にさらされる。

このように、分厚い水の層は湖底にある遺構を我々の視線から遠ざけると同時に、時の流れに伴う風化からもある程度保護する、時空の真空パックのようなものである。

晩秋の鎧畑ダムの岩壁に姿を見せた穴。これは玉川森林鉄道という、木材運搬用の簡易な鉄道が通じていたトンネルの跡である。このような古くて珍しいものが、ダムの湖底にはしばしば残っている

天竜川本流の中でも長い歴史を持つ平岡ダムが生み出した、まるで山水画のように美しい湖岸に残る、明治の古い道路跡。竜東線と呼ばれる、天竜川中流域の重要な生活道路だった。現在は、辿り着く術がほとんどない

下久保ダムの水位低下により神流湖の湖岸に姿を見せた古い橋の跡。かつて橋が渡っていた渓流は土砂に埋没して、橋の欄干の上から湖面に水を注いでいる。不思議な光景である

## 見送ってきた「道」たち

一度ダムの湖底に沈んだ道が、ダムの撤去によって再び元の道として活躍を再開したという現場には、まだ出会ったことがない。基本的に、一度湖底に沈んだ道は、二度と蘇らないものと考えている。であるからこそ、今はまだ地上にあり、望めば通れるが、遠くない将来に湖底になることが既に決まっている道は、やはり特別の存在であると感じる。

最後は、普段以上に一期一会の言葉を噛み締めながら通ったそんな道たちを紹介したい。ただし、いよいよダムの湛水開始という決定的瞬間の写真は持っていない。道を見送る最後の晴れ舞台は、その道に深い縁を持つ人たちに譲り、私はもっと普段に近い姿を一人だけで見送りたいと思っている。

## 長井ダム（山形県長井市）に見送った道

長井ダムの湛水域には、より小規模な菅野ダムがあった。2005年当時、菅野ダムの天端は道路として開放されていた

山形県道木地山九野本線にあった、狭くて暗い隧道群。2005年9月撮影。車1台がようやく通れたこれらの隧道は、長井ダムの完成とともに水没して、廃止された

上の写真と同じ地点を水没後に水位低下で浮上してきたタイミングで、付け替えられた県道から撮影。こうして見ることはできても、二度と通ることはできないだろう

完成した長井ダムの湖面（ながい百秋湖と名付けられた）に現れた旧菅野ダムの姿。天端も既に分断されており、二度と通り得ない

## 胆沢ダム（岩手県奥州市）に見送った道

2013年に完成した胆沢ダムも、多くの「道」を水没させている。写真は同ダムに沈んだ石淵ダム（1953年完成）の最末期の姿で、天端路があった。ダムの背後に霞んでいる線は、建設中の胆沢ダムのシルエットだ。2011年撮影

胆沢ダムに沈んだ国道397号の最末期の姿は、朽ちかけた観光案内板や道路情報板が哀れを誘った。付け替え道路の完成が遅く、水没のかなり直前まで国道として使われていた貴重なケースだった。2011年撮影

上の3枚の写真を撮った2年後（2013年）に再訪してみると、それら全ては胆沢ダムの鈍色の水面に覆われていた。猿岩隧道があったのは、写真中央の尖った山の付け根部分である

胆沢ダムに沈んだ猿岩隧道の坑口写真。開通当時、林道のトンネルとしては日本一長いともいわれていた（長さ約500m）が、栄光の記録と共に湖底へ。2011年撮影

## 鳥海ダム（秋田県由利本荘市）に見送る見込みの道

鳥海ダムは1993年に調査事務所開所以降目立った動きはなかったが、2015年に建設着手が決定した。そのため遠くない将来には、直根森林鉄道が置き残していった美しいガーダー橋も失われることになるだろう。2012年撮影

## 津軽ダム（青森県西目屋村）に見送った道

2012年に撮影した、西目屋村道の川原平橋（手前）と工事用道路の仮設橋（奥）。2016年度に完成した津軽ダム（津軽白神湖）は、この橋もろとも目屋ダム（美山湖）を水没させた。全国的にも珍しい上路三弦トラス形式の橋だった

# ダムが生んだ道路＆鉄道

## 建設のための道路や鉄道、付け替えの道路を考える

平沼義之

### ダムが生む道の代表格は、資材運搬路と付け替え道路

　ダムの建設によって生を終える道がある一方で、新たに生まれる道（道路・鉄道）もたくさんある。ダムの建設は大きく分けて二つの理由で道を生む。資材運搬と付け替えである。前者はダムの工事用に整備されるものであり、後者はダムの工事や完成により使えなくなる道の代わりに整備されるものである。

### 日本中に〝ピラミッド〟規模の構造物が造られている

　大規模ダムの建造ほどに、大量の資材を短期間で集中的に必要とする土木事業は他に余りないだろう。かの有名なギザの大ピラミッドの容積は約235万㎥といわれるが、日本最大の堤体積を誇るコンクリートダムである宮ヶ瀬ダム（神奈川県）は堤体積200万㎥と、ほぼ比肩する規模を持っている。数十万㎥規模のダムは日本中に存在しており、しかもそうしたダムの多くが比較的交通の便の悪い山間地に立地している。そのためダムの建設では、膨大な資材をどのように調達し（原石山と呼ばれる場所がダムの近くにある。これはコンクリートの原料となる骨材などの現地調達現場である）、外部から調達する資材をいかに輸送するかという問題を抜きにはできないのである。

　我が国は明治以降長期にわた

ダムを造る道

庄川水力電気専用鉄道の跡に残るトンネル。市道として今も利用されている。同鉄道は1925年に小牧堰堤（小牧ダム）の工事用鉄道として開業し、1930年のダム完成後には短期間だがダムの遊覧客を乗せて走ったという

大井川鐵道井川線のアプトいちしろ駅と、大井川ダム湖に架かる市代吊橋。井川線の前身はこのダムを建設するために、1935年に大井川電力（株）が開業させた工事用鉄道であり、吊橋も鉄道橋として架けられた

工事用道路の「凄み」を濃厚に残している、奥只見シルバーラインのトンネル風景。前方で道路が不自然なS字カーブを描いているが、これは工事中の測量ミスか掘削ミスで生じた誤差の結果であるらしい

って陸上の大量輸送手段を鉄道に求めてきた。そのため比較的に古いダムの建造では、工事用鉄道を敷設した例が多くみられる。本邦最初期の大規模コンクリートダムである1924年完成の大井ダム（岐阜県）や、1930年の完成当時東洋一の堤高を誇った小牧ダム（富山県）も、その例に漏れない。時代が下って、戦後に完成した佐久間ダム（静岡県）や小河内ダム（東京都）などの大型ダムも、やはり工事用鉄道を敷設している。

こうした工事用鉄道の多くはダムの完成に伴い撤去されたが、その後も継続して旅客輸送を担うものもあった。そうした来歴を経て現在も残る数少ない鉄道としては、大井川鐵道（大井川ダムや井川ダムの建設のために敷設）やJR只見線の一部区間（田子倉ダム建設のために敷設）などが挙げられる。

その後は、自動車の性能向上やダム現場の奥地化に伴って、資材運搬路も道路だけが建設されるようになっている。たとえば1960年に完成した奥只見ダム（新潟県・福島県）では全長22kmもの工事用道路が開設され、それは今日まで同ダムへの唯一のアクセスルート「奥只見シルバーライン」として活躍している。実際に通行すると、19kmにもわたって狭くて暗くて曲がりくねった雨漏りトンネルが連なる状況は、遊びのない工事用道路の雰囲気を実感させてくれる。

小河内ダム工事専用鉄道の廃高架橋（上）と、同ダムの工事用道路兼付け替え道路として整備された国道411号（下）。国道のさらに下にも砂利道が見えるが、ダム工事以前の旧道だ

## 公共補償による付け替え道路整備

ダム湖の畔にはたいてい道路が通じているが、その姿が交通量の割に立派だとか、湖の前後区間より上等だと感じることがある。これは錯覚ではないし、単に道が新しいというだけの理由でもない。湖畔にある道路の多くは、ダムの建設のために使えなくなった道の補償として整備されたものであり、そこに立派さの源泉がある。

ダムのような公共事業を進めるうえで、その事業者が必要な土地を入手する手続き全般を用地補償といい、個人や企業の土地に対する一般補償と、道路・鉄道・水道・電気・公的施設などに対する公共補償とに分けられる。

そしてこの一般補償と公共補償とでは補償の考え方が大きく異なっている。一般補償は財産的な価値の補償が中心である。仮に時価30万円のものであれば、おおよそ30万円が補償される。それに対して、公共補償は機能の補償が重視される。水没する道路の時価を算出して同額を補

## 付け替え道路

葛野川ダム湖の水位が下がると、立派な二車線の道路とトンネルが浮上してくる。これは「仮」付け替え道路の跡で、同ダムの工事初期に国道139号として利用されていた。大部分は常に湖底である

群馬県片品村の十二ノ森公園内に、不釣り合いと思える巨大な道路トンネルがある。これは2003年に事業中止が決定された戸倉ダムの付け替え道路（国道401号）の一部として完成したものだ

償するわけではない。もし、そういう補償なのであれば、地形的には不自然な迂回となり、橋やトンネルを新たに要することが多い付け替え道路を整備し得ないのだ。かくして、前時代的だった道路が現代的道路に生まれ変わることになる。

　多くの場合、付け替え道路の整備はダムの本体工事に先行して開始される。最終的には湛水域を完全に迂回する付け替えが行われるが、工期短縮のため、初期はダム地点だけを小規模に迂回する付け替えが行われる場合もあり、これを仮付け替えと呼ぶ。仮付け替え路はやがて本付け替え路に置き換えられ、ほぼ例外なく廃止される短命の道だ。

　なお、公共補償という道路関係者にとってはある意味「たなぼた」的な制度の存在が、通常の道路整備に影を落とす場合もあるようだ。

　たとえば、〝酷道〟として悪名高い国道418号の八百津〜恵那間であるが、その整備が最近まで一向に進まなかったのは、単純に道路の需要や技術的な問題というよりも、完成すれば酷道区間の大半が湖底となる新丸山ダム（1980年計画発表、未完成）の整備計画が順調ではなかったせいではないかと私は思っている。もっとも、この問題も現在いよいよ解消し、遙か山の高いところで盛大な付け替え道路の建設が着々と進められつつある。伝説の酷道にも、ダムは遅い引導を渡そうとしている。

群馬県高崎市の倉渕ダムは、2003年にダム本体工事の着手寸前に事業休止となり、2015年に中止された。写真は完成済みの付け替え県道であり、下に湖面がないことが不自然に思える

“酷道”の汚名返上を目指して整備が進む、国道418号の付け替え道路。新丸山ダムの事業進展が、この道路のカギを握っている

“酷道”ファンに知らない人はないだろう国道418号の風景。新丸山ダムが完成すれば大部分が水没・廃止となる定めだが、実はこの道自体がかつての丸山ダム建設で一部水没し、付け替えられていることは、あまり知られていない

ダムをもっと知る

古い地図との比較でより興味深くなる

# ダムによる鉄道・道路の付け替え

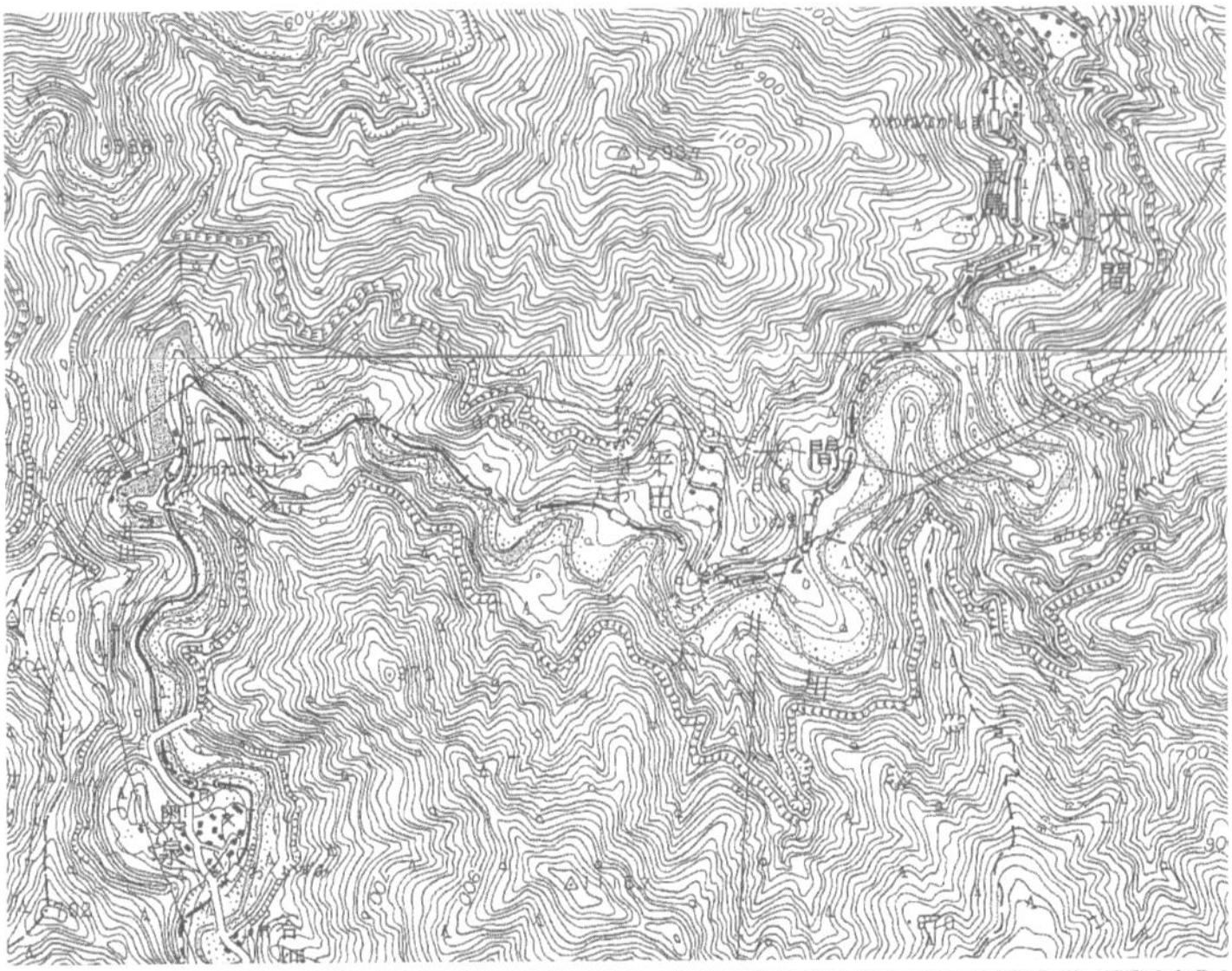

## 長島ダム（静岡県）

蒸気機関車の運転で知られる大井川鐵道は、国内唯一のアプト式鉄道としても知られる。そのアプト式の区間が、長島ダム建設により1990年に移設・開業した部分だ。建設時、ここを廃止することも検討されたが、観光地とすべく、アプト式とされた。その名もズバリ「長島ダム駅」だけでなく、ダム湖を見るしかない「奥大井湖上駅」も設けられた。

[5万分の1地形図井川（H1発行）＋千頭（S63発行）、Kashmir3D＋数値地図50000]

## 湯田ダム（岩手県）

かつては和賀川右岸に国鉄横黒線（現・北上線）が、左岸に道路があったが、1962年に、それぞれまるごと数十m上に移設された。特に鉄道は長大トンネルでバイパスしてしまう。「ゆだ錦秋湖駅」というダム湖名を付した駅がある。道路から鉄道の遺構がよく見える。

［5万分の1地形図川尻（S30発行）、Kashmir3D＋数値地図50000］

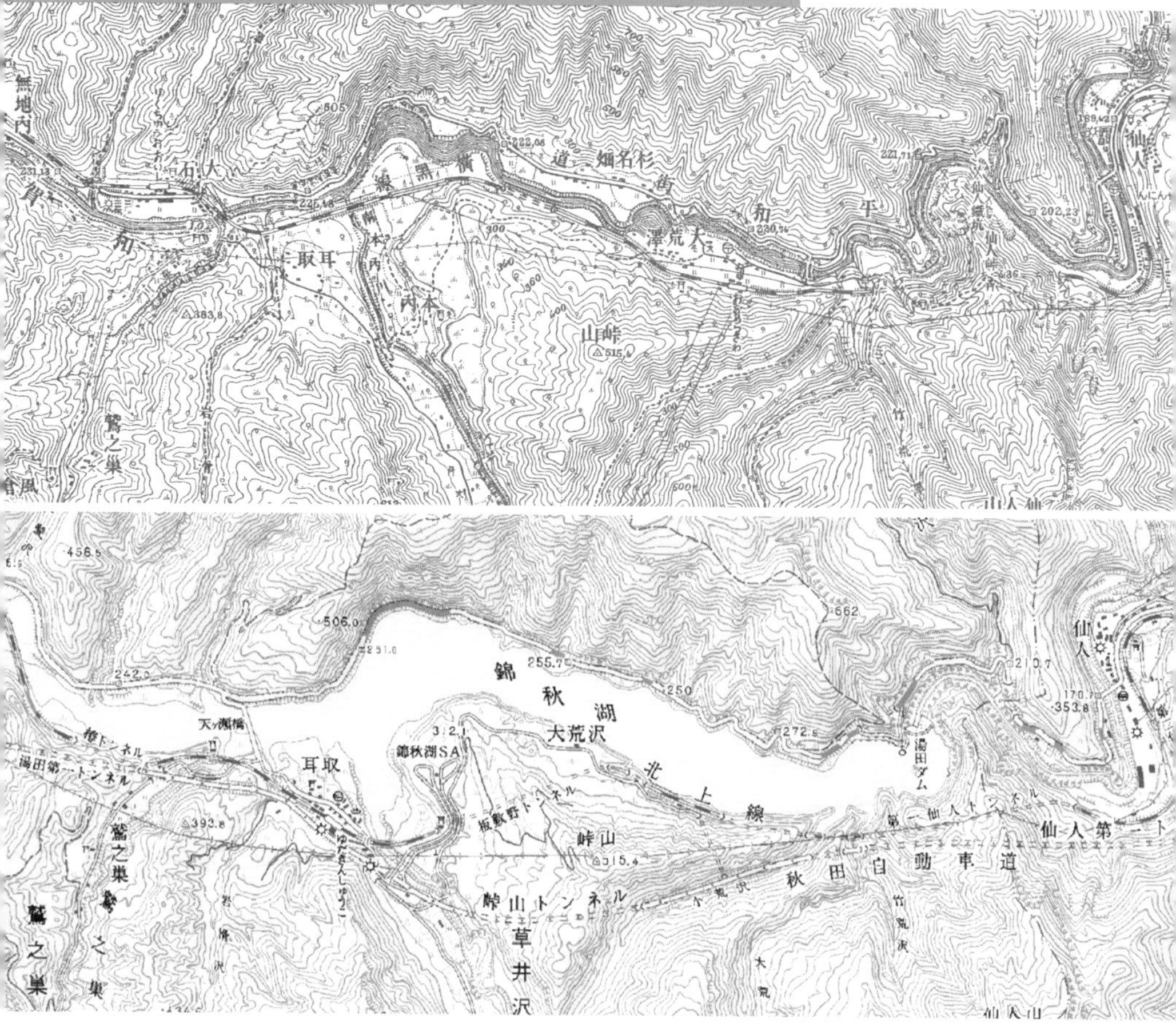


### 新旧の地図を眺めてその変化を楽しむ

平沼義之氏の「ダムに眠る廃道&廃線」では写真と現地の様子のレポートがあるが、ここでは、地形図で見る鉄道や道路、そして集落の移設を見てみよう。

ここに挙げた3例は、いずれも鉄道も移設をした例だ。基本的に、こうした移設費用はダムの事業費に含まれる。特に時代が下るほど、山襞を縫っていた鉄道路線は一気にトンネルでバイパスしたりして近代化が図られ、1〜1・5車線だった道路は拡幅されたり付け替えられたりで、快適で安全な2車線の道路に生まれ変わる。ダム湖に沈む集落の生活が消滅するのと裏腹に、そこを通過するだけの人にとっては便利な環境となる。

ダムの計画から完成までは期間が長いため、移設した鉄道や道路が、結果的にあまり使われないケースもある。北海道のシューパロダムに沈んだ三弦橋

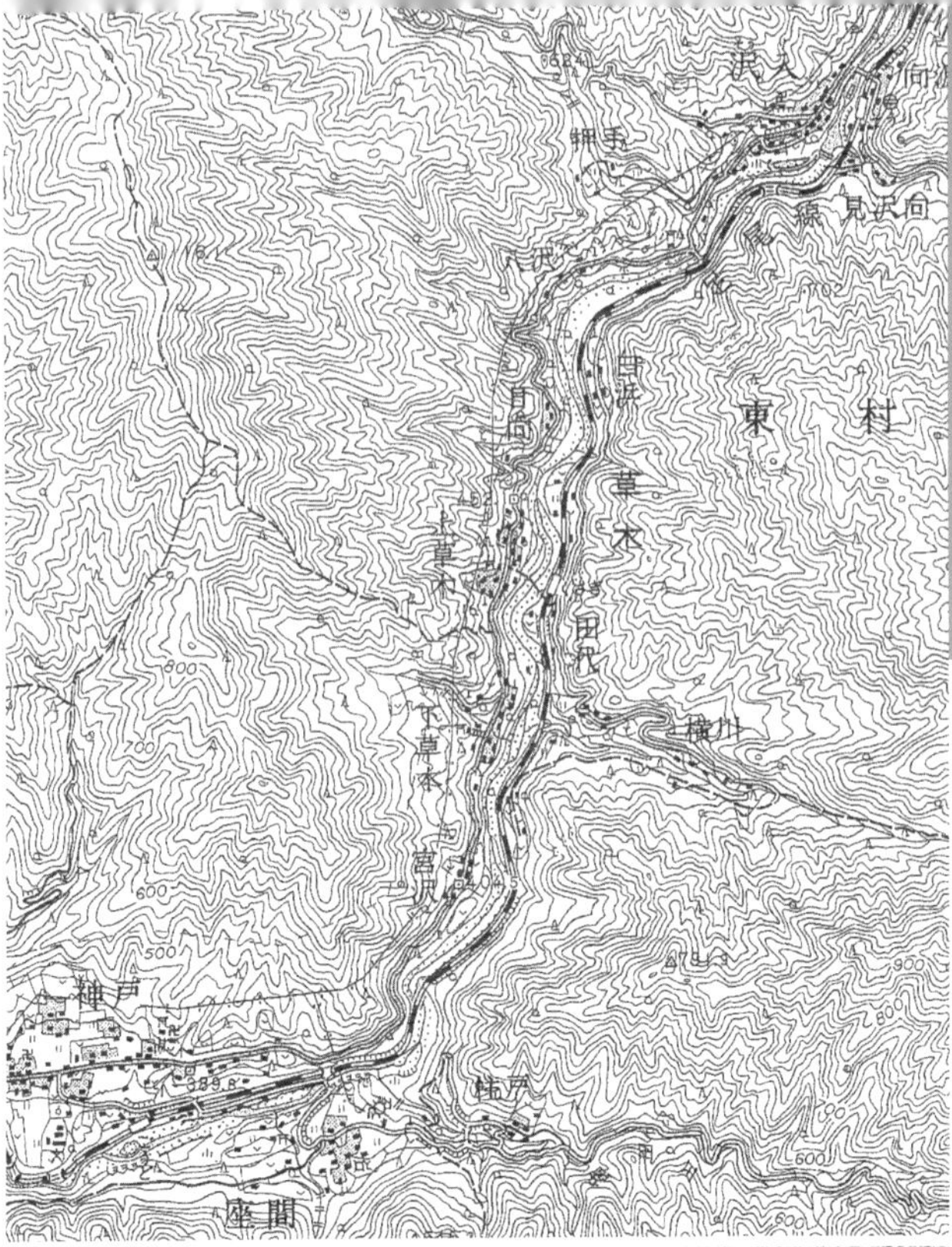


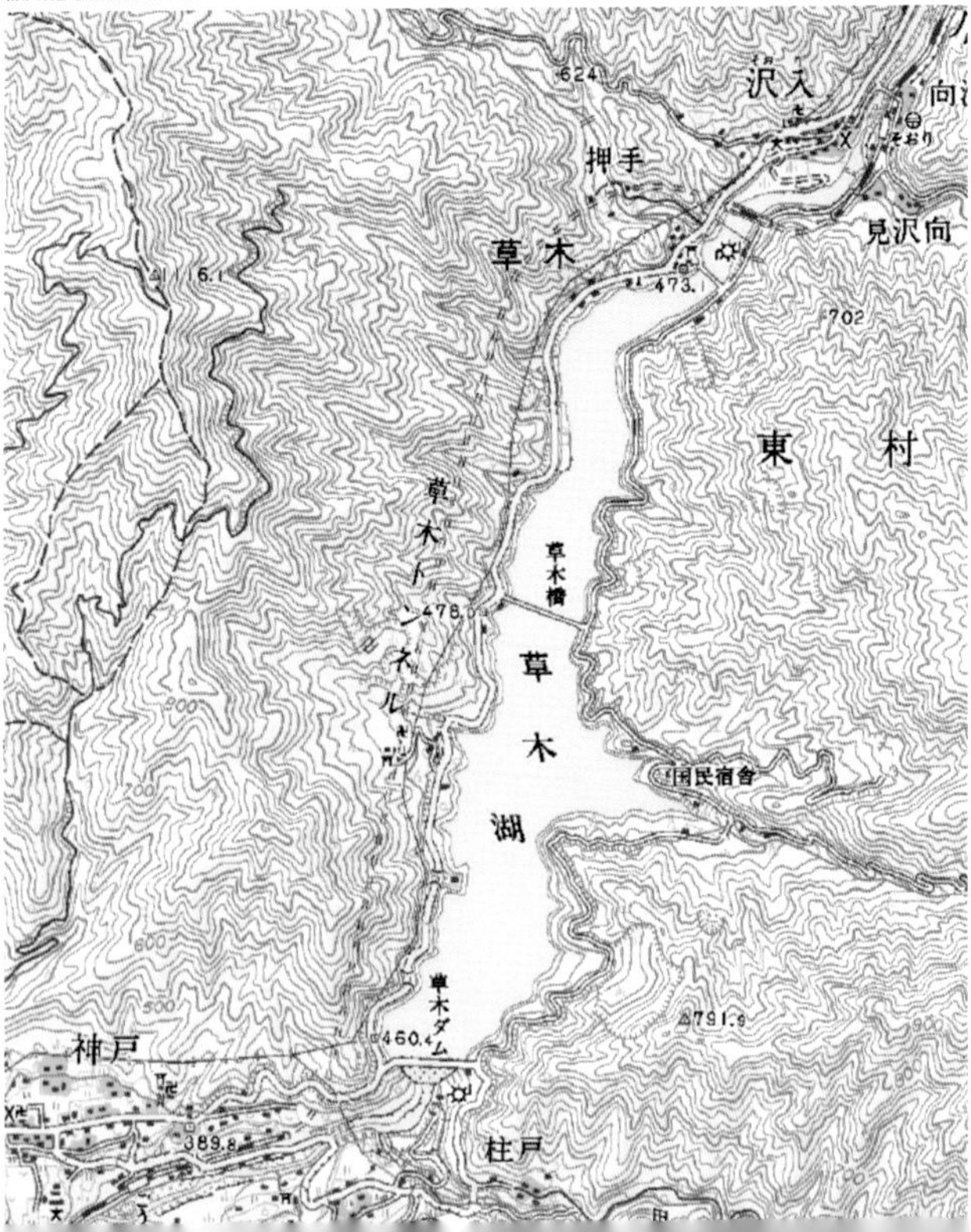


## 草木ダム（栃木県）

ダム湖に沈む国鉄足尾線（現・わたらせ渓谷鉄道）を、1973年に全長5242mの草木トンネルでバイパスした。この長大トンネルができたために、足尾線の無煙化（蒸気機関車廃止）が早まった。

［5万分の1地形図足尾（S48発行）、Kashmir3D＋数値地図50000］

（91ページ参照）は下夕張森林鉄道の付け替えのために造られたが、林業がトラック輸送に切り替わる時期であったため、使われたのは6年ほど。

　こうした比較は「旧版地形図」という、古い地形図を参照する。東京・九段下の国土地理院関東地方測量部測量成果閲覧室とつくば市の国土地理院情報サービス館では、過去の地形図すべてを閲覧（無料）・複写（有料）できる。地理院の他の出先機関では一部だけである。地形図を眺めて、そこに人びとの生活があったことを想像すると、そこにあるダムへの感情もまた変わってくるだろう。

天端国道のあるダムとしては最も高い堤高を持つ奈川渡（ながわど）ダム（長野県松本市）。天端を通行する国道158号は、北アルプスを横断する極めて重要な交通路になっている。アーチダム特有の曲線が美しい

ダムをもっと知る

極端に狭い場所や、ほかでは見かけない標識もある

# 天端の道路は、踏切の仲間!?

平沼義之

## ダムを間近で手軽に味わえる、天端道路の魅力と不思議

天端《てんば》は、ダムや堤防の一番上の面を指し、普通は通路が設置されている。そこが一般に開放されている場合も多く、ダムを観光する場合、真っ先に訪問されることの多い、いわばダムの顔ともいえる場所だ。深い谷を渡る天端からの眺めはスリリングであり、上流側と下流側で全く異なる景色を楽しめる、一粒で二度オイシイ展望台だ。さらに、ダムに付属するゲートなどの諸設備を間近で眺められるのも、天端の魅力である。ダムを愛する諸兄の中にも、天端でのダム体験をきっかけにハマッたという人は少なくないだろう。

全国に3000基以上もあるダムの全てに天端があるが、規模の大きなダムは大抵、天端を自動車が通れる構造になっている。とはいえ、ダムの専用道路として管理車両だけが通れる場合が多く、一般の車道として開放さ

れているダムは一部である。

　中でも国道が天端を通るダムは全国に11基しかない。3000基以上あるダムのうち、わずか11であるからレアだ。左にそうした天端国道のリストを掲載した。

　天端を国道が通行するダムで最も竣工が古いのは、1952年に竣工した群馬県の寺沢ダムだ。ただしここは堤高が15・5mしかなく（河川法上でダムと認めらる最低の堤高は15m）、表面が草に覆われたアース形式ということもあって、ほとんどの車がダムを意識せず通過してしまう。そういう意味では、1954年に竣工した福島県の本名《ほんな》ダム（堤高52m）が、国道に指定された年の古さも加味して、天端国道の最古参といえそうだ。

　国道以外の道路（都道府県道や市町村道など）が天端を通過するダムはさらに多くあるが、天端というダムの一部を間借りして造られた道路は、道路のために生まれた「橋」に較べれば、だいぶ不便だ。大概は道幅が狭く、重量制限の付く場合も多い。さらに、両岸に接する部分に直角に近い急カーブがある場合も多く、しばしばボトルネックになっている。

　ところで、ダムにダム管理者がいるように、道路にも道路管理者が定められている。では、道路でもありダムの一部でもある天端の道路は誰が管理しているのだろう。道路法第20条によると、堤防、護岸、ダム、鉄道や軌道用の橋、踏切道、駅前広場などの公共の工作物や施設が、道路の効用を兼ねる場合、これを兼用工作物として、その管理においては道路管理者と兼用工作物の管理者とが協議をして個別に管理方法を定めるとしている。それにしても、道路マニアの目から見たダムが、踏切の仲間として映っているかもしれないというのは意外だろう。

東京都心に最も近い天端国道がある城山ダム（神奈川県相模原市）。天端が国道413号の「城山大橋」になっている。おそらく、日本一交通量の多い天端だが、右岸にある直角カーブのため渋滞しやすい

国道以外の天端道路の中には、このように一見さんお断りと言わんばかりの狭隘な道も少なくない。地図を見ただけで踏み込むと、大変な目に遭うかも（片門ダム、福島県）

## 天端を国道が通行しているダム（ダムの竣工年順）

| ダム名 | 都道府県 | ダムの目的 | ダムの形式 | ダムの管理者 | ダムの竣工年 | 堤高（m） | 堤頂長（m） | 通行する国道 | 国道の管理者 | 国道の指定年 |
|---|---|---|---|---|---|---|---|---|---|---|
| 寺沢 | 群馬県 | 灌漑 | アース | 寺沢貯水池増設土地改良事業 | 昭和27(1952)年 | 16 | 140 | 国道353号 | 県 | 昭和50(1975)年 |
| 本名 | 福島県 | 発電 | 重力式C | 東北電力(株) | 昭和29(1954)年 | 52 | 200 | 国道252号 | 県 | 昭和38(1963)年 |
| 城山 | 神奈川県 | 多目的 | 重力式C | 県 | 昭和39(1964)年 | 75 | 260 | 国道413号 | 県 | 昭和57(1982)年 |
| 池原 | 奈良県 | 発電 | アーチ | 電源開発(株) | 昭和39(1964)年 | 111 | 460 | 国道425号 | 県 | 昭和57(1982)年 |
| 我谷 | 石川県 | 多目的 | 重力式C | 県 | 昭和39(1964)年 | 57 | 126 | 国道364号 | 県 | 昭和50(1975)年 |
| 菅野 | 山口県 | 多目的 | 重力式C | 県 | 昭和40(1965)年 | 87 | 272 | 国道434号 | 県 | 昭和57(1982)年 |
| 七色 | 三重県 | 発電 | 重力式アーチ | 電源開発(株) | 昭和40(1965)年 | 61 | 201 | 国道169号 | 県 | 昭和28(1953)年 |
| 奈川渡 | 長野県 | 発電 | アーチ | 東京電力(株) | 昭和44(1969)年 | 155 | 356 | 国道158号 | 県 | 昭和28(1953)年 |
| 松原 | 大分県 | 多目的 | 重力式C | 国 | 昭和47(1972)年 | 83 | 192 | 国道212号 | 県 | 昭和28(1953)年 |
| 大雪 | 北海道 | 多目的 | ロックフィル | 国 | 昭和50(1975)年 | 87 | 440 | 国道273号 | 国 | 昭和45(1970)年 |
| 天理 | 奈良県 | 多目的 | 重力式C | 県 | 昭和53(1978)年 | 61 | 210 | 国道25号 | 県 | 昭和27(1952)年 |
| 島地川 | 山口県 | 多目的 | 重力式C | 国 | 昭和56(1981)年 | 89 | 240 | 国道376号 | 県 | 昭和50(1975)年 |

本稿は天端にある道路を紹介しているが、これはその変わり種として、ダムの堤体をトンネルで貫通する道路だ。このダムは洪水時のみ湛水し、その際はトンネルが封鎖される（小匠ダム、和歌山県）

天端道路は、通常の道路管理者だけでなく、ダムの管理者も管理に関わっている。そのためか、普通の道路では見かけないオリジナルの規制標識（写真では上から二つ目の標識）を見られる場合がある（日中ダム、福島県）

只見川に架かる国道252号の本名橋も、本名ダムの天端道路である。橋上からは洪水吐の巨大なゲートを間近に見ることができる。本邦最古級の天端国道だ

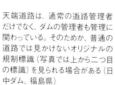

ダムをもっと知る

ダムといえば……道路ファンが秘かな熱視線を向けるアレがある

# トンネル内分岐の怪しい魅力

平沼義之

## 見かけるのは ほとんどがダムの周辺

ダム本の記事としては、いささか本筋から離れすぎるというか、私の個人的趣味に偏りすぎているかもしれないが、ぜひと願って2ページを頂戴したのがこのテーマである。題して、「トンネル内分岐の妖しい魅力」だ!!

完全に道路ファン目線の話になってしまうが、私を含む大多数の道路ファンは、トンネルが少なからず好きだ（断定）。トンネルの魅力はいろいろあるが、暗くて狭くて湿っていて怖じけるようなのが好ましい。そしてそんな条件を満たすトンネルは、しばしばダムの周辺に多発する。

代表的なのは、奥只見ダム（新潟県・福島県）への唯一の到達路である奥只見シルバーラインを満たした、トンネル嫌いにとって苦痛な長大トンネル群とか、安曇三ダム周辺の国道158号に大発生している激しく内部の蛇行したトンネル群などなど。因果関係は証明できないが、ダム近隣はトンネルが多い。

中でもダム周辺以外では滅多に見られないのが、内部に分岐を持つトンネルだ。もちろん、避難坑などは、ここでは分岐と扱わない。あくまでも道路同士の分岐である。こうしたトンネル内分岐は、大都会の都市高速的な物を除けば、ほとんどがダムサイド（ダム脇）に立地していて、だいたい分岐の一方が地

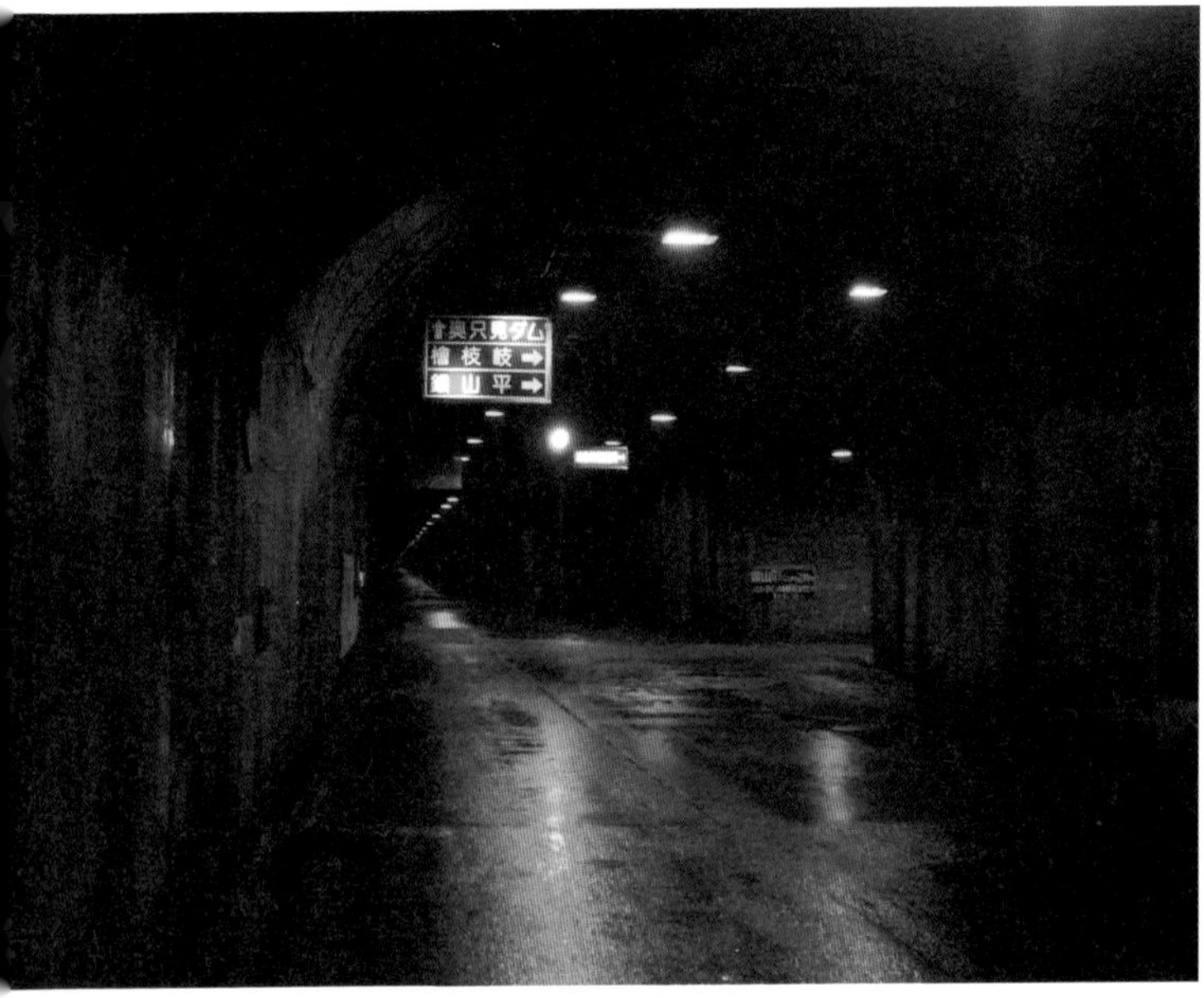


日本一のモグラ道路である奥只見シルバーラインの銀山平にあるトンネル内分岐。この道路は全長22kmのうち18kmまでがトンネルである。奥只見ダム建設の工事用道路として1957年に開通した

上にあるダム本体へ通じている。先ほど名前を挙げた奥只見シルバーラインや国道158号のトンネル群にも、トンネル内分岐がある。

一般に堅牢な岩盤を要するダムサイドの地形は、浸食に削り残された切り立つ岩崖であることが多く、そこを通過する道路はトンネルになりやすい。そのうえでダム本体へ通じる道も必要であることから、トンネル内分岐という、交通安全上は誰の目からも不利と分かる線形が選ばれているのだろう。

トンネル内分岐の魅力は、まずはそれが珍しいことだ。ダムファンの皆さまと同じで、道路ファンも珍しいものが大好きである。さらに、トンネル内分岐は空間的に余裕のない感じが満ちていて、道路の必死さが伝わってくる。「かわいい子」が必死になっていれば応援したくなるだろう。それに、独特の埃っぽいアングラな雰囲気がまたいいんだ！

皆さまもダム巡りをすればきっと目に付くトンネル内分岐を、車に気をつけて堪能してみてはいかがだろう。ちなみに個人的イチオシは、入山《にゅうやま》トンネルだ。

入山トンネルの松本側坑口の光景。直角カーブからトンネルへ入る、このギリギリ感がたまらない！　青看（案内標識）もしっかり「トンネル内分岐」を描いている

国道158号入山トンネル内にある県道奈川木祖線との分岐。右が国道で、外へ出れば即座に奈川渡ダムの壮大な天端道路だ（本トンネルは、現在進められている改良工事により、将来的にはトンネル内“十字路”となる可能性大）

静岡県浜松市の秋葉ダムサイドにある国道152号西川トンネル内にある分岐は、とても珍しい「Y」型をしている。一本のトンネル内に三叉路が三つある変わり種だ

かつて国道140号の二瀬ダムサイドにも、信号機付きの洞内分岐を持つ駒ヶ滝隧道があった。この手のトンネルとしては格別の狭さと屈曲を持った、"酷道"ファン垂涎の逸品だったが、2013年に役目を終えて閉ざされた

# 地図に見るダムの…アレ!?

制約がある中で、どんなふうに描かれているか興味津々

旧2万5000分の1地形図をデジタル化した
数値地図25000でのダムの表現（カシミール3Dを使用）

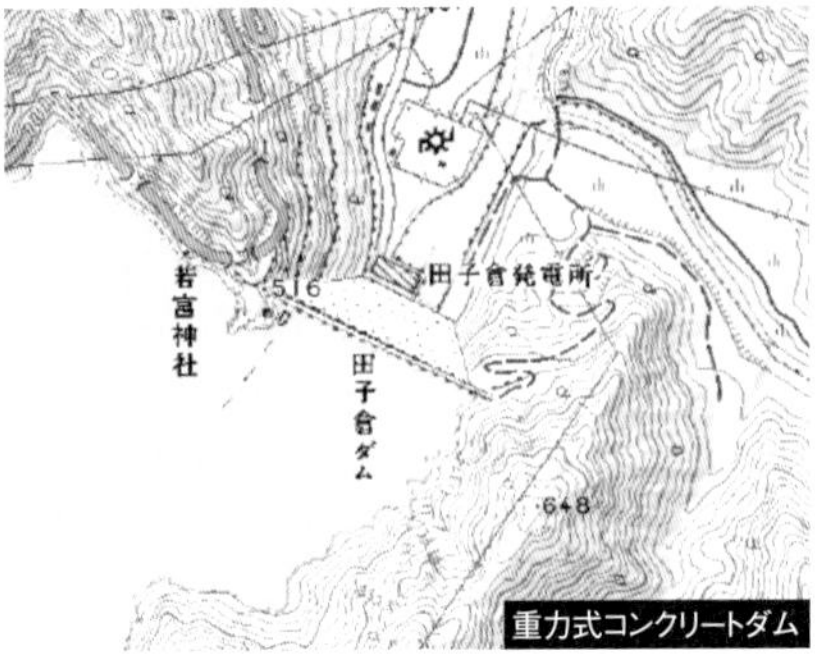

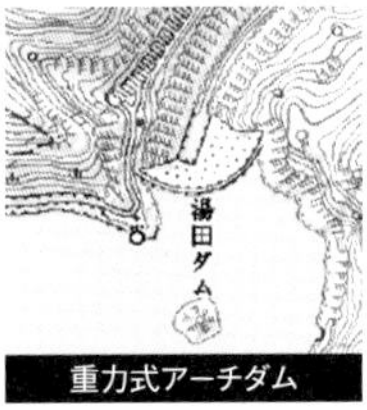


ネットで閲覧できる、地理院地図レベル17でのダムの表現
（カシミール3Dを使用、2017年頃までの表記）

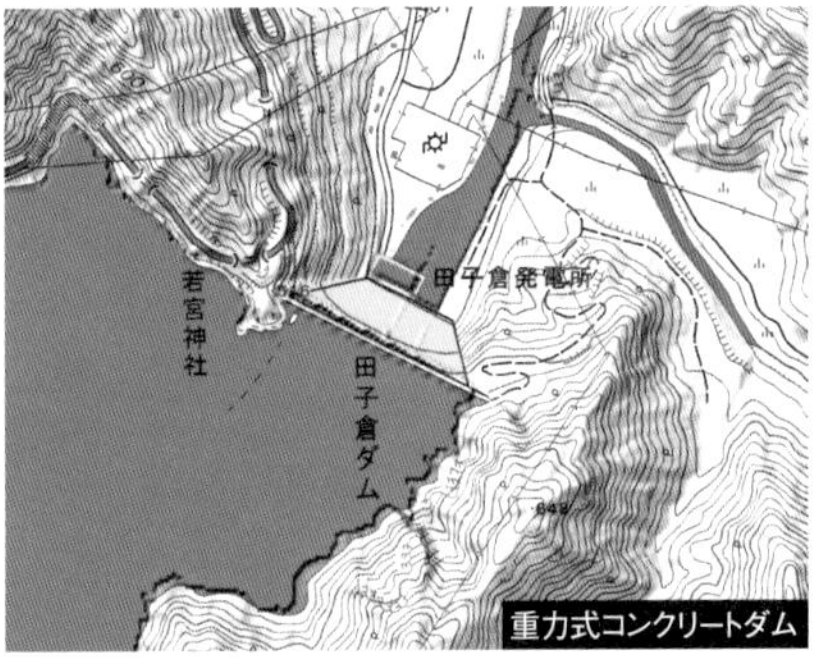

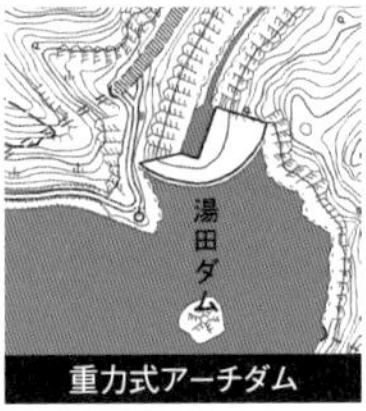

## ほとんどのダムが点々で描かれている

ダムは地形と深く関わっているため、地図好きのダムファンも多いだろう。近年では、国土地理院により細かな標高データも無償で公開され、それらと合わせて地形の凸凹を鑑賞することも盛んだ。

まず、かつて一般的だった、紙の2万5000分の1地形図ではダムはどう描かれていたか。すべて堤体は点々で描かれている。どうやら、素材は問わないようだ。堤体に等高線は入っていない。

おもしろいのはドーム式の黒部ダムだ。地図は真上から見た形状が描かれるが、ドーム式のため、堤体の下部が見えている。それとフーチングを合わせて点々で描かれている。

ネットで閲覧できる「地理院地図」はどうか。2017年頃までは、堤体は真っ白。そこに等高線のうち「計曲線」と呼ばれる50mごとの太い線だけが描かれるのだが、しかし！ 本来、平面であるべき重力式コンクリートダムとアースダムの堤体に、おかしな等高線が入っていた。これでは堤体が凹んでいることになってしまう。現在は等高線は描かれていない。

地図は、情報と表現のせめぎ合い。ここに記したのは地図と地形のデータ整備のタイムスケールの違いに起因することやいささか揚げ足取りのようなことではあるけれど、その合間に見える葛藤が愛おしい。

DAN杉本氏制作のカシミール3D＋地理院地図＋スーパー地形セットで胆沢ダムを表示させると、地形のデータは滅多に更新されないため、「地図」は現在のものなのに、地形は胆沢ダム建設中のものとなり、ダム湖内に地形や建設用道路、いまはダム湖に沈んだ石淵ダムの堤体などが浮かび上がる（上）。古い数値地図25000で同じ場所を表示させると、地図上には胆沢ダムの堤体がないのに地形だけ浮かび上がる（下）。

SPECIAL INTERVIEW

# ダムを造ったあとにも関心を持つこと それが一番大事な仕事かもしれない

世界自然遺産「白神山地」を源とする津軽地方の母なる川「岩木川」。
この上流に位置する津軽ダム（青森県西目屋村）。
ここの作業所所長を務める鈴木篤さんは、
長きにわたりダムの建設に携わってきたベテラン技術者だ。
そんな鈴木さんに、ダムを造る仕事の厳しさや、
やり甲斐について語ってもらった。

津軽ダム本体建設工事
安藤ハザマ・西松特定建設工事共同企業体
津軽ダム作業所所長※ **鈴木 篤**さん

## スペシャリストでありゼネラリストでないと務まらない

大学院でコンクリートの耐久性の研究をしていたこともあり、卒業後は間組（現・安藤ハザマ）の技術研究所に入りました。研究所時代は、研修で3カ月ほど、北海道の札内川《さつないがわ》ダムへ赴き、コンクリートダムの施工を経験させてもらい、これがダムに関わる最初の仕事となりました。

やがてバブル経済が終わりを迎えて景気の状況が変化していたころ、研究所を離れて現場に出て仕事をすることになりました。そこで最初に赴任したのが、まだ建設途中の浦山ダム（埼玉県秩父市）だったんです。です

から、当初は、これからさまざまな現場を経験するだろうなという期待と不安を胸に抱きつつ、初めに命ぜられた現場がダムだったというものでした。しかし、それまで続けてきたコンクリートの研究を生かせる現場でしたから、何事も興味深く取り組むことができましたね。

　ダムの建設は、ほかの土木工事とはその規模も内容も大きく違います。ただコンクリートのダムを造ればよいわけではなく、山を掘削したり、川の水を迂回させるためのトンネルを掘ったり、工事用車両を通すための道路や橋を造ったりと、土木工事のすべての要素を含んでいます。さらに、ダム工事は一般的な土木工事と比べると工期が長く、工事に必要な仮設備もたくさん造らなければなりません。例えば、骨材やコンクリートを製造運搬する設備、給排水設備、電気設備、濁水処理設備、200人を超えるような作業員やJV職員が生活するための宿泊所、事務所などさまざまな設備が必要です。仮設備とはいえ、山の中に大きな工場を造るようなものです。そういった渾然一体としたものをしっかりとマネジメントしていくのが私たちの仕事となります。当然のことながら難しさや苦労はあるのですが、だからこそ、うまく進められたときの充実感のようなものは大きいかもしれません。

　ダム建設の現場は、長くダム造りに関わってきたスペシャリストが集まっていますが、私たちの仕事はスペシャリストであり、同時にゼネラリストでないとやっていけない面もあるのじゃないでしょうか。

## いろんな会社の人間が集まることでいい活力が生まれる

　ダムの建設はJV（共同企業体）で受注することが多いのですが、その理由は、大規模で技術的に解決すべき課題の多い工事が多いので、複数の会社が集まり、それぞれの得意な分野を結集することで円滑に工事を行うためであるといわれています。もちろん、社風の異なる企業が一緒になるわけですから、それなりの難しさはあります。そこはコミュニケーションをしっかりとりながらきちんと方針を決めてやっていくしかありません。ただ、いろんな出会いがあったり、刺激もあり、お互いに知恵を出し合って取り組めるなど、

津軽ダムがある西目屋村は岩木山を望むのどかな風景

2016年4月、試験湛水で初めて非常用洪水吐から放流を行ったときの津軽ダムと、それを見ながら歓喜するJV若手職員たち

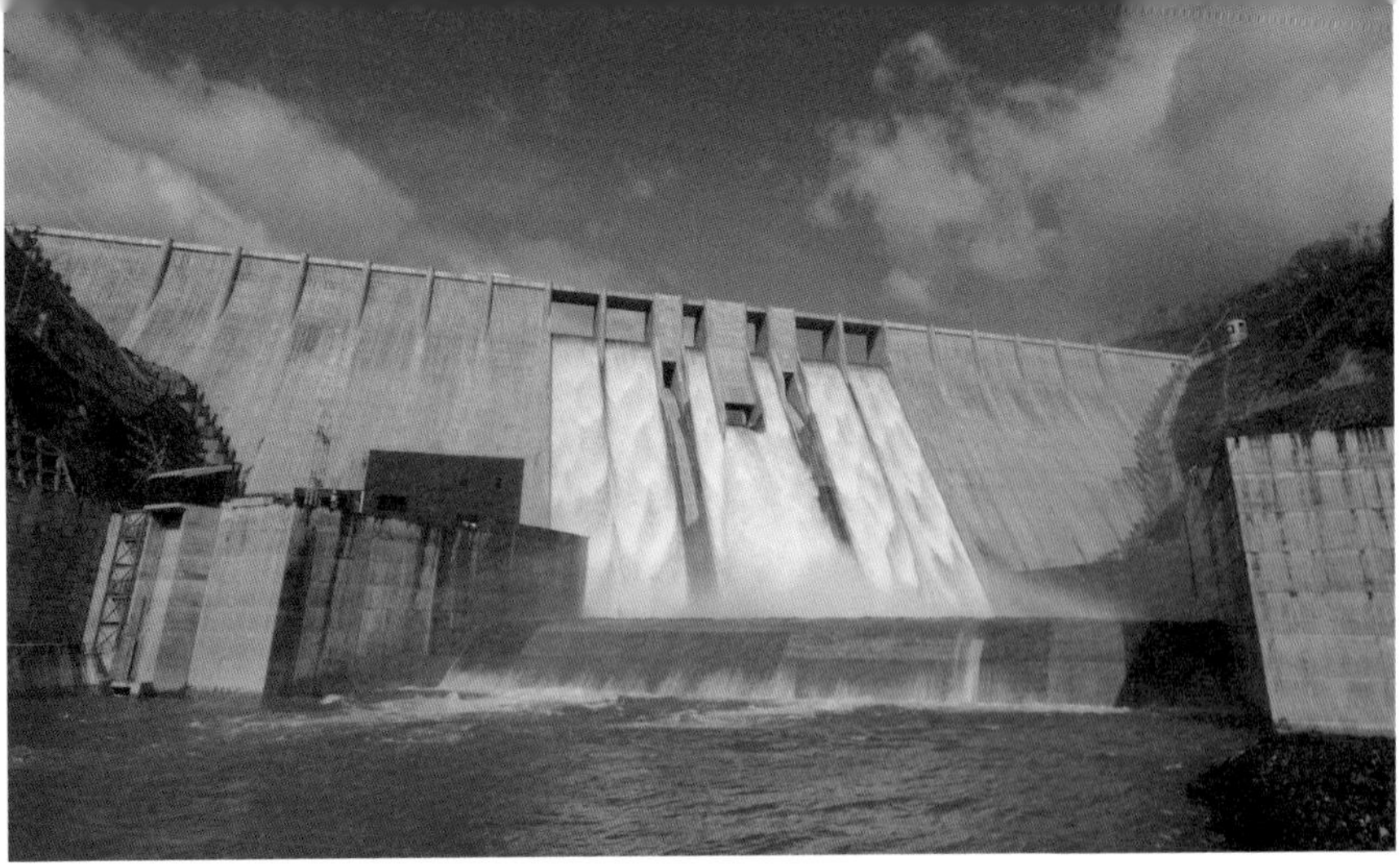

景観デザインや放流設備設置箇所に施工的な工夫を凝らした津軽ダムの堤体

鋼コンクリートハイブリッド構造床版

高強度薄肉プレキャスト部材

いい方向への活力が生まれることがよくありますね。

## トンネルや発電所での現場経験がダムの現場にも生かされている

浦山ダムに勤務したあとは、富山県にあるＴＢＭ《トンネルボーリングマシン》による長大トンネル工事の現場に移りました。ここでは出水した場合の対応の仕方とか、地質の見方を学びました。この経験は、のちのダムの建設現場で大いに役立っています。ここで約4年勤務し、次は新潟市の信濃川の河口付近にある新潟みなとトンネルの工事現場に赴きました。地上部にあるボックスカルバートの施工を担当したのですが、港に近接した砂地を大きく開削して、ディープウェルで地下水位を監視しながら、大きな鉄筋コンクリート構造物の構築という、都市土木的な工事を経験しました。

その次は、北陸の大きな発電所の建設現場でした。ここもコンクリート構造物の工事でしたが、最も厳しい条件の構造物に関わりました。特に重要な構造物だったので、太さが50㎜もある鉄筋がびっしりと配列されていて、コンクリートが入る余地がないんじゃないかと思うくらい。しかも建物はミリ単位の正確性を求められました。ほかではなかなか経験できないことでした。この大きな発電所での経験も、のちのダム建設で、単純化や合理化を考えるときのヒントになるなど、仕事に生かされていると思います。

次に赴いたのは、石川県の九谷ダムです。山中温泉から少し奥に入った場所で、堤体が円弧を描いた重力式コンクリートダムです。周辺の景観やデザイン性も考慮した造りになっています。

九谷ダムの次は、山形県の長井ダムで、6年の間に、部材のプレキャスト化など、さまざまな合理化施工の取り組みや、イラスト小冊子「コンクリートダムができるまで」を製作し、ダム工事を一般の方々に広く知ってもらうための取り組みも行いました。その後、1年ほど山形県の酒田共同火力発電所で維持工事に携わり、現在の津軽ダムにやってきました。

## 真冬の厳しい環境下　切迫した工事も経験

津軽ダムでは、景観デザインや大きな放流設備など、施工に一工夫するところが多く、堤体下流面張出部の高強度薄肉プレキャスト部材の使用や、長さ10mを超える床版を橋梁技術を応用して鋼コンクリートハイブリッド構造への変更を提案し、工期を確保しました。

この津軽ダムで印象に残っているのは、2016年春のことです。試験湛水を行うため、2月13日からダムに水を貯め始めました。

津軽ダムは、わずか60m上流にある目屋《めや》ダムの放流水を適切に処理しながら工事を進める必要があり、半川締切りによる転流方式で、大きな堤内仮排水路が2本配置されています。この仮排水路にゲートを下ろして川の流れを遮断したあと、堤内の仮排水路をコンクリートで充填する作業を行います。と同時に、ダムから流れ落ちる水の勢いを弱めるための構造物、副ダムなどを完成させなければなりませんでした。

満水になるまで2カ月ほどしかなく、しかも積雪量の多い真冬の工事です。とても厳しい環境で、安全確保のための課題も多く、非常に切迫した状態が続きました。工事が完了したのは、非常用洪水吐から水が流れ落ちる直前のタイミング。まさにギリギリの状態でした。この出来事は、おそらく生涯忘れないかもしれませんね（笑）。

建設工事中の津軽ダム。多くの重機が行き来し、コンクリートの打設が繰り返される。右手に見えるのは目屋ダムで、完成後は津軽白神湖に沈む

堤内仮排水路閉塞工は、雪と氷に阻まれながら厳しい施工となった

## 日頃から地元の人たちとのコミュニケーションが大事

所長としての仕事は、朝、昼、夕方と現場に行って、それぞれの拠点をまわって安全が保たれているかどうかを見たり、各担当者と進捗状況を確認したりしています。安全に関する意識の徹底は、やはり現場で声をかけ合うこと。常にそうできる雰囲気を作ることが大事です。作業を優先させるあまり、不安全な状態に気付かなかったり、不安全な状態を見過ごしていることはないか、常に目を光らせています。

あと、所長の仕事で大事なのは、地元の人たちとの交流です。私たちの仕事は、地元の協力がないと成り立ちません。特にこの現場は、1959（昭和34）年に竣工した目屋ダムの建設の

2016年10月に行われた竣工式

満水の時は多くの人が見物に訪れる

2016年、安全への取り組みのひとつとして、環境省発の「熱中症予防声かけプロジェクト」において、現場が優良声かけ賞を受賞した

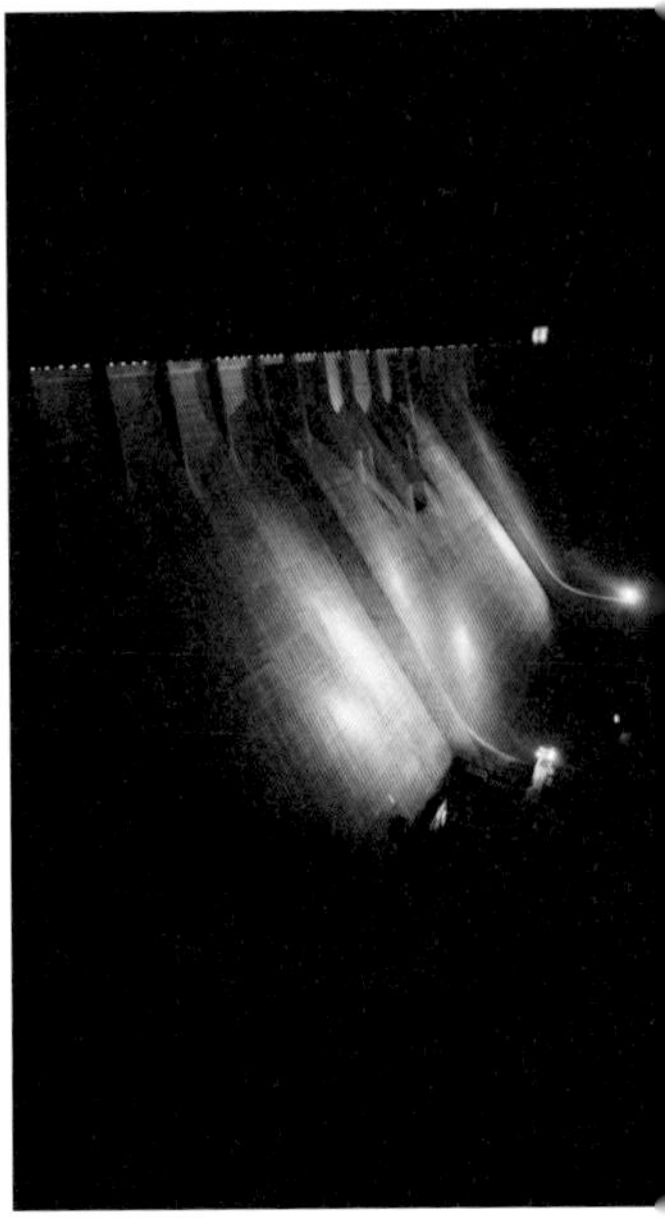

夜はダムをライトアップする演出も

際に移転してもらった方々がいらっしゃり、今回の津軽ダムを造る際に、さらに二度目の移転をしなければならなくなった方々もいらっしゃいます。地元の期待が大きい一方で、さまざまな苦難を経験してきている方々もいらっしゃるわけですから、やはり地元の方々とのコミュニケーションを大切にし、地元雇用の促進、ＪＶ食堂での地元食材の利用、雪下ろしのお手伝い、お祭りや運動会の運営協力などを積極的に行ってきました。

　また、定礎式、打設完了などの工事の節目には、それまでの工事記録を写真やＤＶＤにしてお配りしたり、恥ずかしながら趣味の範囲で私が編集した１００年に一度といわれる満水放流の動画を、地元のケーブルテレビで放映していただいたこともありました。地元の人たちを含め、たくさんの人と交流できる場を作ることも、私の大事な仕事だと思っています。

作業所に隣接する宿舎の風呂と部屋。部屋は個室で、断熱の効いた寒冷地仕様になっている

## 本体工事は、ダムの歴史の中のほんの一期間にすぎない

　ダムは、計画から含めると30年や40年、あるいはもっと長い年月を費やして造られるものです。本体工事は、そのほんの一部

工事中は頻繁に見学ツアーを実施して好評を博した

の期間でしかありません。とかくダム技術だけがクローズアップされがちですが、私はそれには若干の違和感があります。それよりも、地元の人たちや関係者から「ダムができてよかった」と心から言ってもらえるようなダムにすることが一番大事で、そうするには、完成したらおしまい、というわけにはいかないんじゃないかと思っています。

　ダムは、当初計画どおりの機能、性能を発揮することはもちろんとして、地元の人たちの資源として息づいていかなければなりません。そのためにはどうしたらいいのかを考えながら、話し合いをしながらやってきました。このことを私たちは忘れてはいけないと思うんです。

　前の現場だった長井ダムでは、お世話になった方々との交流を続けさせてもらっています。あちらでは長さ200mもあるギネス級の大綱を作って、ダムの上で綱引き大会を開催したこともあります。津軽ダムでも、ライトアップした堤体上に多くの人が集い、ねぷたが巡行する情景を勝手に思い描いています。

　津軽ダムには、工事現場が見える展望台があって、私はほぼ毎日そこに通って、見学に訪れてくれる方々にお声かけして、工事の説明をしていたのですが、たまたまダムのために移転した方と出会いました。その方はダムを見てとても感動してくださり、涙を流しながら「頑張ってください」と激励してくださったんです。これには私のほうも感激してしまいました。こういうことがあると、この仕事を続けてきてよかったと、しみじみ思います。

PROFILE

**鈴木 篤**
すずき あつし

1965（昭和40）年生まれ。1991年に大学院を修了し、間組（現・安藤ハザマ）に入社。技術研究所を経て、浦山ダム、九谷ダム、長井ダムなど、主にダム建設に携わる。2012（平成24）年に津軽ダムに赴任し、作業所所長に。

ダムをもっと知る

# 行きたくても行けないダム

立ち入り禁止や道路事情が悪いなど、理由はさまざま

萩原雅紀

ダムへの道路は整備されていないケースも多く、災害等で通行止めになっていることもある

高見ダム

揚水発電を行うための高見ダム(北海道)も立入禁止

飛山ダム

飛山ダム(新潟県)へ向かうための道路は土砂崩れで通行止めになったまま
Photo:NALAWiki
(CC BY-SA 3.0)

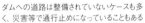

許可を得ても簡単に近づくことはできない奥新冠ダム（北海道）
Photo:Tri999(CC BY-SA 4.0)

## さまざまな事情で立ち入り不可に

ひとくちに行くことができないといっても、その理由はさまざまだ。もっとも多いのは、管理上の理由でダムに至る道が立ち入り禁止になっている場合。これは通常は無人で運転されている発電ダムに多く、テロ対策、いたずらや自殺の防止などが主な理由だ。

もともと立ち入り禁止ではなかったものの、土砂崩れなど災害で道が通行止めになってしまった場所もある。復旧工事をしようとしても安全確保が難しかったり、その先にダム以外何もない場所は復旧に時間がかかることも多い。

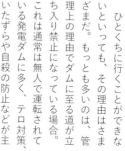

また、建設地点の地形が険しく、安全確保が難しいため一般の立ち入りを制限しているダムも少なくない。

「幻のダム」と呼ばれる川浦ダム（岐阜県）
Photo:KAWAKAWAK(CC BY-SA 3.0)

国有林の奥に建設されているため、入林に許可が必要な場所もある。そういった場合、「ダムが見たいから」で果たして入林の許可が下りるのかどうか、不明だ。

以上のように、立ち入り禁止の理由は、主にテロや事故防止がほとんどだが、もっとも大きな理由は管理者が「ダムに一般人が来ることを想像していない」ことだろう。大きくもなく

一般公開されていない喜撰山ダム（京都府）
Photo:©国土画像情報（カラー空中写真）

立入禁止ではない場所でも、ダムへ向かう道路の走行には注意が必要
Photo:Tri999(CC BY-SA 4.0)

上空から見たカッサ川ダム（新潟県）Photo:©国土画像情報（カラー空中写真）

有名でもないダムの管理者から見れば、業務に関係のない人は来ない方が安心だ。農業用の小規模なアースダムなどの場合、管理者にとっては、ため池であり、もしかするとダムという認識すらないかもしれない。それなら閉めてしまおう、というケースが実はいちばん多いと思う。ここは、ダム好きたちががんばって、ダムは見に行くもの、どんな小さなものでもそこにダムがあれば見たい、ということを一般的にするしかないのだ。

とはいっても、これだけ多くのダムがある中で行けないダムはごく一部。ほとんどのダムを自由に安全に見学できる日本は、ダム好きには幸せな国といえるのかもしれない。

### 行けないダム（一例）

| 名称 | 所在地 | コメント |
|---|---|---|
| **奥新冠ダム・高見ダム** | 北海道 | 北海道の中央をのびる日高山脈の奥深くにあり、まわりは原生林に囲まれている。北海道電力が管理する道路しかなく、許可なしで入ることはできないうえ、許可を得たとしても極めて危険な道が続く。 |
| **黒又川第二ダム** | 新潟県 | 国内有数の豪雪地帯で、冬期から5月頃まで近づくのは困難なうえ、豪雨や地震による落石や崩落によって通行止めになっている。 |
| **飛山ダム** | 新潟県 | 土砂崩れのため通行不可能。 |
| **カッサ川ダム** | 新潟県 | カッサ川に沿ってのびる道路は、ダムに至る手前に設けられたゲートでふさがれている。安全確保のためか。 |
| **三浦ダム** | 長野県 | ダム周辺の山域は国有林で、ダムへと延びる林道は一般車両が入ることはできない。 |
| **川浦《かおれ》ダム** | 岐阜県 | 山深い場所にあり、発電所関係者以外は立入禁止。 |
| **喜撰山《きせんやま》ダム** | 京都府 | 安全確保のため、一般に公開されていない。 |
| **須川ダム** | 奈良県 | 普段は立入禁止となっているが、奈良市水道局に申し込みをして許可されれば見学が可能。 |

ダムをもっと知る

# 民間企業のダム

## 大手鉄道会社や製鉄所が所有し運営しているダムもある

萩原雅紀

幌満川第3発電所ダム

新日本電工が所有する幌満川第3発電所ダムは、民間企業所有のダムとしては日本最大を誇る
Photo:Highten31(CC BY-SA 3.0)

### 大量の電気を使う企業がダムを所有

国交省や水資源機構、農水省、各自治体、そして電力会社。日本でダムを建設、管理している事業者は、ほとんどがこのいずれかに当てはまるが、極めて稀に、民間企業が運営しているダムが存在する。果たしてどんな会社が、何のためにダムを所有しているのだろうか。

自前のダムを所有しているのは、そのほとんどが大電力を必要とする製紙や金属精錬、電気化学といった大規模工場を運営する企業で、自社で水力発電を行い、電気を直接工場に送ることでコストダウンを図っている。たとえば、北海道の支笏湖から流れ出る千歳川には、王子製紙が1910年から1920年にかけて千歳川第一から第四までの4基の発電用ダムを建設。堤高15mを超える**河川法上のダム**は千歳川第四ダム1基のみだが、現在も現役で運用されている。

同じ北海道では新日本電工が**幌満《ほろまん》川第3発電所ダム**を所有。その総貯水容量は民間企業所有ダムとして日本最大となる1538万㎥を誇る。

そのほか、福島県の阿賀川に昭和電工が**旭ダム**、山梨県の富

別子ダムは、住友共同電力が運用し、同グループの銅山や工業地帯に、電力と工業用水を供給するため建設された
Photo:河川一等兵(CC BY-SA 3.0)

別子ダム

JR東日本が所有する宮中ダム（上）と、山本調整池の直下にある小千谷発電所（下）。旧国鉄時代に建設された発電専用のダムで、その電気は、もちろん電車を動かすために使われている
Photo:Qurren(CC BY-SA 3.0)

士川水系に日本軽金属が**雨畑ダム**と**柿元ダム**、宮崎県の五ヶ瀬川に旭化成が**星山ダム**を運用しており、それぞれ発電を行っている。なかでも雨畑ダムは堤高80・5mのアーチダムで、堤体の規模としては民間企業ダムとして日本最大だ。

山形県の荒川に設置されている**赤芝ダム**は、東芝セラミックスが自社工場用に運用していた。現在はダムは赤芝水力発電、工場はクアーズテックと別会社となり、直接の関係はなくなっている。

赤芝ダム

山形県の荒川に建設された赤芝ダム（右）とダム湖（左）。自社工場の電力供給のために建設され、所有は変わったが、現在も電力供給の関係は続いている
Photo:Qurren(CC BY-SA 3.0)

発電専用以外の目的で造られた河内ダム。当時の八幡製鉄所に水を供給しており、今でも現役で稼働している

河内貯水池と名付けられたダム湖の周辺は風光明媚で、北九州の観光名所のひとつとなっている
Photo:そらみみ(CC BY-SA 4.0)

河内貯水池には、いくつもの橋が架けられており、中でも、南河内橋は通称「めがね橋」と呼ばれ、重要文化財にも指定されている
Photo:Si-takeGFDL

Photo:浅野ます道(CC BY 3.0)

日本軽金属の発電専用ダムである柿元ダムの天子（てんし）湖。水源の天子ヶ岳にちなんで名付けられた

岐阜県の木曽川水系にある**神岳ダム**を所有しているイビデンと、宮崎県の五ヶ瀬川水系で**芋洗谷ダム**を所有しているJNCは、もともと発電事業で創業し、自社の電力を利用して事業拡大した会社。ちなみにJNCはチッソ化学部門を引き継いだ子会社である。

民間企業といっても毛色が異なるのが、新潟県の信濃川流域に設置されている**宮中ダム**、**浅河原ダム**、**山本調整池**、**山本第二調整池**だ。これらの所有者はJR東日本で、山本第二調整池以外の3ダムが建設されたのは国鉄（日本国有鉄道）の時代である。もちろん発電された電気は首都圏の電車を動かすために使われており、JR東日本が使用する総電力量の4分の1を賄っているという。

愛媛県で住友共同電力が運用している**別子ダム**は、もともと同グループの別子銅山や新居浜市の工業地帯に電力と工業用水を供給するために建設された。その後280年間続いた鉱山は閉山してしまったものの、現在でも住友の城下町である新居浜市に貢献している。

民間企業所有のダムで唯一、発電以外の目的で設置されたのが福岡県の**河内ダム**。ここは昭和2年、当時の官営八幡製鉄所に水を供給する目的で建設された。現在でも現役で稼働し、八幡製鉄所を引き継いだ日本製鉄が管理している。

ダムをもっと知る

# 役目を終えたダム

## そのほとんどが放置され、自然の中に埋もれていく

萩原雅紀

夕張シューパロダム完成後に水没した大夕張ダム。現在は、貯砂ダムとなっている

大夕張ダムのダム湖は、シューパロ湖と呼ばれていたが、夕張シューパロダムの完成によって、水域が拡大した

大夕張ダムの下流155m地点に建設された夕張シューパロダム

### 新しいダム湖に水没して注目が集まる旧ダム

ダムが役目を終える理由は大きくふたつある。ひとつは需要がなくなったとき。そしてもうひとつは、逆にダムの容量が足りなくなったときだ。

たとえば農地に水を供給する目的で造られたダムも、宅地開発されて農地がなくなったり、農家が減って水を使う人がいなくなれば役割を失ってしまう。水道用として設置された小さなダムが、街の人口が増えたことで容量が足りなくなり、大規模な上水施設が建設されたため役割を終えたところもある。さらに、水需要の増大や洪水調節のために大きなダムが造られ、もともとあったダムが新しいダム湖に水没してしまう例もある。

廃止されたダムは、そのほとんどがそのまま放置され、深い自然の中に還ろうとしている。管理されなくなったため貯水池

荒瀬ダムは、地元からの強い要望で、日本のコンリートダムでは初の完全撤去となり、一躍全国にその名が知られることになった

2016年に竣工した津軽ダム。目屋ダムの下流60mという至近距離に建設されたため、常に放流水を適切に処理しながら建設が進められた

建設中の津軽ダム。すぐ後ろに目屋ダムが見え、建設中の堤体には、放流水が流れている

が堆積した土砂で埋まってしまったダムもあれば、堤体に穴を開けて水が抜かれ、単なる壁として立っていたり、砂防ダムとして余生を過ごしているダムもある。こういったダムたちは、地元以外でニュースになることもなく静かに役目を終えていくため、存在をほとんど知られていない。

その中で、熊本県の球磨川に設置されていた発電専用の**荒瀬ダム**は、地元からの強い要望のため日本のコンクリートダムで初めて完全撤去されることになり、一躍全国にその名が知られることになった。2018年3月に撤去工事が完全に終了し、荒瀬ダムは姿を消した。

新しいダムの貯水池に水没するダムは、ダム建設と同時に注目されるため、現役の頃よりもその存在を知られることが多くなってきた。全国の大規模ダムの湖底には数多くの小さなダムが眠っているが、この数年でも北海道の**大夕張ダム**（夕張シュ

石淵ダムは完全に水没したが、上流から流れ込む土砂を止めるフィルターの役目を果たし、胆沢ダムの機能を保持するという新たな役割を担っている（写真：北上川ダム統合管理事務所）

北上川五大ダムのひとつであった石淵ダムの約2km下流に完成した胆沢ダム

ーパロダムに水没）、青森県の**目屋ダム**（津軽ダムに水没）、岩手県の**石淵ダム**（胆沢《いさわ》ダムに水没）、山形県の**菅野ダム**（長井ダムに水没）など、特に東北地方で戦後すぐに造られたダムが、その後の下流の発展に伴い多数水没した。長崎県の**西山ダム**は、貯水池の中に旧堤体が保存され、浸かっている姿を見ることができる。

　現在運用されているダムでも、洪水調節容量の拡大といった目的で再開発が決定しているところがある。北海道の**桂沢ダム**は現在の堤体を取り込む形で11・9m高い新堤体を建設中。岐阜県の**丸山ダム**は、既存の堤体の47・5m下流に20・2m高い新堤体を建設、既存の堤体は上部を一部撤去した上で、新しいダム湖に水没する。

　巨大建造物であるダムも、廃止されることもあれば、需要や気象条件の変化によって、世代交代しながら運用されていくこともあるのだ。

洪水調節容量の拡大により、現在の堤体を取り込む形で新堤体を建設中の桂沢ダム

水没した菅野ダムの直下流に造られた長井ダム。RCD工法やテルハ型クレーンなど、最新の施工法で建設された

丸山ダムは、現在の堤体のすぐ下に新しい堤体を造り、既存の堤体を一部撤去したうえで、水没させる予定だ

ダムをもっと知る

# 改造されるダム

## 大きな災害に対応するべくパワーアップすることも

萩原雅紀

九州最大の規模を誇る鶴田ダム（鹿児島県）は、洪水調節容量を拡大する改造工事が行われた

放流設備を増設した鶴田ダムの工事中夜景

五十里ダム

五十里《いかり》ダムは、堤体に穴を開けて、放流設備を増設した

天ヶ瀬ダム

アーチ曲線が美しい天ヶ瀬ダム（京都府）

## ダムに流れ込む土砂を水路で流す「土砂バイパス」

ダムを建設するときは、必要な貯水量のほかに、流域の降雨量、上流からの最大流入量や下流への安全な放流量がどのくらいか、といった調査や予測が行われ、その情報をもとに堤体の大きさや放流設備の規模などが決まる。しかし、造ったあとでその想定を超える洪水や渇水に見舞われ、下流で洪水が発生したり水不足で貯水が底をつくなど、災害を防ぎきれないこともある。また、下流の街や農地が発展したおかげで洪水や渇水の恐れが増すこともある。

そんなときどうするのかというと、ダムを改造したり、規模を大きくしたり、運用を見直したり、状況に応じてアップグレードして進化させるのだ。二度と同じ災害を起こさないために。

進化の方法はいくつかあって、もっとも大がかりなのは、124ページでも紹介したように、

美和ダム

土砂バイパスと呼ばれる方式を採用した美和ダム（長野県）。バイパストンネルの入口・出口、水門、分派堰などを新設した

現在あるダムのすぐ下流にもっと大きなダムを造ること。ダム計画を根本からやり直すのだ。この場合、もともとあったダムは役目を終え、新しいダム湖に沈んでしまう。また、現在あるダムに直接コンクリートをつぎ足して大きくする方法もある。いずれにしても、まったく新規にダムを造るよりは確保する用地が少なくて済む。

　また、貯水池の中を掘り下げたり、溜まった土砂を取り除いて貯水量を増加させる場合もある。

　そして、放流できる量を増やしたり、貯水池の運用を変えるときは、それに合わせて新しく放流設備を設置する。その場合、堤体に直接穴を開けることもあれば、堤体を改造できない場合は、貯水池からトンネル水路を掘ることもある。

　また、最近の取り組みとして

堤体で放流トンネルを増設工事中の天ヶ瀬ダム（京都府）

小渋ダム（長野県）も、土砂バイパストンネル出口・呑口の工事に着手し、改造に成功した

注目されているものに、ダムに流れ込んでくる土砂を貯水池に貯めず下流に流すというものがある。主な方法としては、ダム湖の最上流に分派堰を造り、そこからダム湖を迂回するようにトンネル水路を建設。大雨で濁った水が流れ込んできたときのみトンネル入口の水門を開け、直接下流に流してしまう方式で、**「土砂バイパス」**と呼ばれている。

背が低く洪水調節の目的のない発電用ダムでは、堤体を部分的に低く切り下げる代わりに背の高い水門に付け替え、流入量が多いときはその水門を開けて底に溜まった土砂ごと下流に放流する、という改造を行っているところもある。

ダムの新規建設の数が減り、今後は既存のダムの寿命を伸ばしながら、いかに運用して災害を防いでいくか、というところが重要になってくる。特に堆積する土砂対策は、今後さまざまなダムで取り組まれて行くことになるだろう。

ダムをもっと知る

# 計画で消えた幻のダム

## 反対運動や景気の影響を受けて頓挫したケースも

萩原雅紀

群馬県沼田市を流れる利根川の沼田ダム建設予定地だったあたりの風景

### 自然豊かな尾瀬にもダム建設の計画があった

計画されたダムが中止になる理由はさまざまである。ひとつは強固な反対運動によるもの。水没地域が広大で移転対象の人々が多かったり、山村などが丸々消滅するような計画だと必然的に反対運動は激化、建設の推進は困難になる。たとえば北海道の鵡川《むかわ》で計画された**赤岩ダム**は占冠《しむかっぷ》村の大部分が水没することになるため村民一丸で反対。群馬県の利根川に計画された**沼田ダム**も、利根川本川を堰き止めて総貯水容量8億㎥という日本最大の貯水池が構想されたが、沼田市の中心部が水没し2000世帯以上の移転が見込まれたため、群馬県全体が反対。どちらも事態は進まず中止になった。

計画はしてみたものの、予備調査をしたところ期待した貯水量が確保できなかったり、建設コストに見合わなかったりして中止になるダムも多い。ただし、調査の結果、場所や目的を変えて建設が実現した例がある。たとえば神奈川県の**宮ヶ瀬ダム**や埼玉県・群馬県の**下久保ダム**、高知県の**早明浦《さめうら》ダム**などには、その前身となったダム計画が存在する。

また、高度経済成長期に計画されて事業が進み出したものの、反対運動との交渉や移転の補償、

群馬県の片品川に建設するはずだった戸倉ダム建設予定地付近

平川ダムと同じく、片品川流域の栗原川に建設するはずだった栗原川ダムの建設予定地付近

片品川流域の泙川（ひらがわ）に建設するはずだった平川ダムの建設予定地付近

川古（かわふる）ダム建設予定地（群馬県）に続く林道入口。立入禁止になっている

周辺の工事などに時間がかかっている間に水や電力の需要が頭打ちになり、利水で参加していた自治体や電力会社が撤退。目的がなくなったため中止になったダムも少なくない。たとえば利根川水系の国土交通省所管ダムは、2020年3月に完成した**八ッ場《やんば》ダム**を含む9ダムに加えて、堤高150mから160mクラスの超巨大ダムがあと4基計画されていた。また、電力需要が伸び続けていた頃は電力会社が各地に揚水発電用の上部・下部貯水池を計画しており、堤高が100mを超える巨大ダム計画も多くあったが、不景気や節電にともなう電力需要の伸び悩みで、いくつかは実現しなかった。

　自然豊かな高原として有名な尾瀬にも巨大なダム計画があった。しかし、貴重な高山植物や生態系を守るための反対運動が起こり、そして、周辺自治体による水争いも発生、事態が進まないまま、計画から70年以上経って正式に中止となった。

# 世界にある巨大ダム

## 流域面積の広い世界の河川には、超巨大なダムが多数存在する!

**アスワン・ハイダム**

有名なエジプトのアスワン・ハイダムは、総貯水容量3位で、1620億㎥。堤高は111m、堤頂長約3600m。エジプトの母とも呼ばれるナイル川で、1970年に竣工。完成を記念した塔が湖畔に建てられている0

### 琵琶湖より貯水量の多い世界のダム

世界のダムは、日本とは比較にならないくらい大型のものが多い。河川の大きさや自然環境が桁外れに大きいため、ダムも巨大になるというわけだ。では まず、ダムの巨大さを表す目安として、ダムの総貯水容量ベスト10を見てみることにしよう。

まず1位は、ジンバブエとザンビアの国境に建設された**カリバダム**(アーチ式)。その総貯水容量は1806億㎥であり、琵琶湖が約27億㎥なので、約67倍という巨大さだ。なお、ジンバブエの全ダム数は253基、高さ15m以上のダムは249基あり、全ダムの84%はアースフィルだという。また、ザンビアの全ダム数は4基で、すべて高さ30m以上である。

次いで2位は、ロシアの**ブラーツクダム**(重力式)で、約1700億㎥。3位が、世界的にも有名なエジプトの**アスワン・ハイダム**(ロックフィル)で、1620億㎥。エジプトの全ダム数は6基。全ダムが高さ15m以上で、その50%は重力式だという。

4位は、ガーナにある**アコソ**

総貯水容量1位は、ジンバブエとザンビアの国境にあるカリバダムで、1806億㎥。堤高128m、堤頂長579m。1959年竣工、カリバ湖は人造湖としては、世界最大の面積を誇る

総貯水容量2位は、ロシアのブラーツクダムで、約1700億㎥。堤高125m、堤頂長1430m、1964年に年に竣工した。堤頂には、自動車道路とバイカル・アムール鉄道（バム鉄道）が存在している

Photo:Dr.Meierhofer(CC BY-SA 3.0)

ガーナにあるアコソンボダムは、総貯水容量4位で、1500億㎥。堤高は134m、堤頂長671m。ガーナ南東部にあり、1965年に竣工した。水力発電用のダム。1965年に完成した

Photo:ZSM(CC BY-SA 3.0)

総貯水容量5位は、カナダのダニエルジョンソンダムで、1418億㎥。堤高214m、堤頂長1314m。マルチプルアーチとしては世界最大で、その姿を見上げるとユニークで壮大。1968年に竣工し、ダムの名は、建設当時のケベック州知事の名にちなんで付けられた

Photo:Bouchecl(CC BY-SA 3.0)

**ンボダム**（ロックフィル）で、1500億㎥。ガーナの全ダム数は5基。全ダムが高さ15m以上で、全ダムがロックフィルである。5位は、カナダの**ダニエルジョンソンダム**（マルチプルアーチ式）で、1418億㎥。カナダの全ダム数は793基。高さ15m以上のダムは575基、全ダムの49％がアースとなっている。

6位は、ベネズエラのオリノコ川支流にある1350億㎥の**グリダム**（重力式＋アーチ式＋ロックフィル）。ベネズエラの75％もの電力を供給していると

### 世界のダム・総貯水容量ランキング

| | 名称 | 総貯水容量（㎥） |
|---|---|---|
| 1位 | カリバダム（ジンバブエ、ザンビア国境） | 約1806億 |
| 2位 | ブラーツクダム（ロシア） | 約1700億 |
| 3位 | アスワン・ハイダム（エジプト） | 約1620億 |
| 4位 | アコソンボダム（ガーナ） | 約1500億 |
| 5位 | ダニエルジョンソンダム（カナダ） | 約1418億 |
| 6位 | グリダム（ベネズエラ） | 約1350億 |
| 7位 | ロンタンダム（中国） | 約1262億 |
| 8位 | ベネットワッキーダム（カナダ） | 743億 |
| 9位 | クラスノヤルスクダム（ロシア） | 約730億 |
| 10位 | ゼヤダム（ロシア） | 約684億 |

いう。7位は、中国の**ロンタンダム**（重力式）で、総貯水容量は1262億㎥だ。8位は、カナダの**ベネットワッキーダム**（アース）で、743億㎥。9位・10位は、共にロシアで、**クラスノヤルスクダム**（重力式）の約730億㎥、**ゼヤダム**（バットレス）の684億㎥となっている。ロシアの全ダム数は91基であり、全ダムが高さ15m以上、その34%は高さ30m未満で、全ダムの46%がアースフィルとされている。

## 人造湖ではない自然湖の超巨大なダム

　なお、1～10位圏外だが、ウガンダのナイル川水系にあるオーエンフォールズダムは、何と、約2兆7000億㎥（琵琶湖の約10000倍）の総貯水容量を誇り、世界最大だという。しかし、容量の9割はヴィクトリア湖の容量であり、ダムによる増加分は2700億㎥で、人造湖ではなく、自然湖をダム化したものという注釈付きで最大だといえる。それでも、1位のカリバダムを相当上回る大きさで、世界には、とてつもない巨大ダムが存在するのだということを、まざまざと知らされる思いだ。

　また、ロシアの**カフォフスカヤダム**は、総貯水容量が1820億㎥あるといわれ、これもカリバダムより上ということになるが、ウクライナにあるというデータもあり、情報の不確実性が高く、はっきりしていない。

　ちなみに、日本のダムの貯水容量1位は、奥只見ダムの4億5800万㎥で、ダムすべてを合わせた総貯水容量でも、計204億㎥なので、広い世界には、いかに大きいダムが多いかがわかる。

　その他、面積でも、やはりカリバダムのカリバ湖が5180㎢と、人造湖としては世界最大の広さを有し、中国の三峡ダムのように、貯水池延長が約500㎞という長さを持つダムもある。

## 東京タワーを超える堤高のダムも建設中

　では次に、見た目でわかるダムの高さ、堤高ベスト10を見てみよう。まず、世界で最大の堤高を誇ることになる1位のダムは、タジキスタンの**ログンダム**（ロックフィル＋アース）だ。堤高335mで、東京タワー（333m）を超える。1991年に建設が始まったが、1993年、大洪水により、完成していた構造物が一部崩壊したこともあり、工事が大幅に遅れて2018年にようやく完成した。

　2位は、現在の第1位で、やはり同じタジキスタンにある**ヌレークダム**（アース）で、ログンダムの70㎞下流に位置し、堤高は300m。コア下部から基礎岩盤にかけて、水を通さないコンクリート部分（コンクリートプラグ）を備えているという。

　3位は、中華人民共和国の**小湾ダム**（アーチ式）。完成すれば292mになる予定だ。ダム

タジキスタンにあるヌレークダムは、現在、建設中のログンダムが完成するまでは堤高300mで1位。堤頂長704m、総貯水容量は105億m³と巨大。ソ連時代の1961年に着工、1980年に竣工した

堤高5位は、グルジアのイングリダム。コーカサス山脈に水源を発するイングリ川にある。アーチ式としては、堤高272mで、現在、世界1位。堤頂長は680m、総貯水容量11億m³

数は、日本大ダム会議のデータによると、中国の高さ15m以上のダムは約4700基あるといわれる。だが、それ以外の小型ダムを含めると、8万基以上ともいわれ、正確な数は定かではない。

4位は中国の**渓洛渡《けいらくど》ダム**（アーチ式）で、堤高は255・5m。発電量は1386万kWと世界トップレベルだ。

5位は、スイスの**グランドディクサーンスダム**（重力式）で、285m。発電を目的に建設されたダムで、スイスの電力需要のうち約20％に相当する発電量を備えている。スイスの全ダム数は約160基で、全ダムが高さ15m以上だという。

6位は、ジョージアの**イングリダム**（アーチ式）で、272m。コーカサス山脈に源を発するイングリ川にある。グルジアの水力は、電力全体の約8割を占め、で、1980年に完成したイングリダムは、その電力の50％を生産しているそうだ。

次いで7位は、イタリア北部にある**バイオントダム**（アーチ式）で、262m。1960年に竣工し、建設当時は世界一高いアーチ式ダムだった。しかし、

## 世界のダム・堤高ランキング（建設中を含む）

| | 名称 | 堤高（m） |
|---|---|---|
| 1位 | ログンダム（タジキスタン） | 335 |
| 2位 | ヌレークダム（タジキスタン） | 300 |
| 3位 | 小湾ダム（中国） | 292 |
| 4位 | 溪洛渡ダム（中国） | 285.5 |
| 5位 | グランドディクサーンスダム（スイス） | 285 |
| 6位 | イングリダム（ジョージア） | 272 |
| 7位 | バイオントダム（イタリア） | 262 |
| 8位 | テヘリダム（インド）<br>チコアセンダム（メキシコ） | 261 |
| 10位 | アルバロオブレゴンダム（メキシコ） | 260 |

Photo:Arvind Iyer(CC BY-SA 2.0)

メキシコのチコアセンダムと並んで堤高7位のインドにあるテヘリダム。堤高261m、堤頂長610m、総貯水容量35億4000万㎥。ヒマラヤの氷河を源流とする川沿いのテヘリ町下流に建設された

完成して間もなく、1963年に隣接の山が地すべりを起こし、貯水池の水が越流、下流で多くの犠牲者を出す惨事が発生。堤体は、ほぼ損傷を免れたが、ダムは放棄された。その後、さらなる地すべりを防ぐため、新しい水路や水路橋が築造され、現在に至っている。イタリアの全ダム数は約550基、うち高さ15m以上のダムは約530基だという。

8位は、インド・デリーの北東部にある**テヘリダム**（ロックフィル+アース）で、261m。1978年に着工したが、建設が遅れ、2006年に竣工となったようだ。インドの全ダム数は約4600基、高さ15m以上のダムは約2900基、全ダムの95%がアースダムだという。

堤高が261mの同8位は、メキシコ南東部にある**チコアセンダム**（アースフィル）で、**マヌエル・モレノ・トレス**とも呼ばれている。発電用のダムで、周辺は国立公園に指定され、観光地となっている。

10位は、同じくメキシコにある**アルバロオブレゴンダム**（重力式）で、260m。メキシコの全ダム数は約540基、高さ15m以上のダムは約450基で、アースフィルが全ダムの65%を占めるという。

なお、堤高200m以上のダムを型式別で見ると、アーチ式が最も多く、続いてロックフィルが多いようだ。

## 世界のダムは発電量もビッグスケール

発電量は、目に見えないので分かりにくいが、ダムによる水力発電量では、中国の長江（揚子江）、上海から1800km上流に建設された**三峡ダム**（重力式）が、最大出力1820万kWで世界一。地下にある発電所も含めると、2250万kWまで可能だといわれているが、定かではない。

同じく、中国の**溪洛渡ダム**も1386万kWの発電量を誇り、世界でトップクラスだ。また、世界3大瀑布のひとつ、イグアスの滝で知られるブラジルとパラグアイの国境にある**イタイプダム**（コンバイン）も1400万kWの発電量がある。

このほか、総貯水容量で6位の**グリダム**は1030万kW、ブラジルの**トゥクルイダム**（アース+ロックフィル）は837万kW、ロシアの**サヤノシュシェンスカヤダム**は640万kWの発電量がある。

ちなみに、揚水式を除く日本最大の水力発電所があるのは、福島県の只見川上流にある奥只見ダムで56万kWの発電量。これと比べると、世界のダムの発電所の規模がいかに大きいものなのかがわかる。

### 世界の主なダムの水力発電量

| 名称 | 堤高（m） |
|---|---|
| 三峡ダム（中国） | 2240万 |
| イタイプダム（ブラジル、パラグアイ国境） | 1400万 |
| 溪洛渡ダム（中国） | 1386万 |
| グリダム（ベネズエラ） | 1030万 |
| トゥクルイダム（ブラジル） | 837万 |

出典：一般社団法人海外電力調査会

## 三峡ダム

Photo:Le Grand Portage(CC BY 2.0)

水力発電量1位は、中国の三峡ダムで、1820万kW。堤高185m、堤頂長2310m。中国・長江（揚子江）中流域で、1993年に着工、2009年に竣工した。このダムの建設によって、それまで3000トン級の船しか遡上できなかったが、1万トン級の大型船まで航行できるようになったという

## イタイプダム

Photo:Angelo Leithold(CC BY-SA 3.0)

ブラジルとパラグアイの国境を流れるパラナ川に建設されたイタイプダムは、水力発電量1260万kW。堤高は196m、堤頂長9900m。中空重力式、ロックフィル、アースなど複数のダムで構成されており、コンバインダムの型をとる

## サヤノシュシェンスカヤダム

Photo:Foris Aleksey(CC BY 3.0)

ロシアのサヤノシュシェンスカヤダムの発電量は、640万kW。堤高242m、堤頂長1074mで、アース+ロックフィル型式のダムとしては世界一の高さを持つ

ダムをもっと知る

## 完成したダム、中止になったダム

# ダム建設における反対運動の勃発

日本では、戦後になって、治水・利水・発電用の多目的ダムが、各地で次々と建設されてきた。その一方で、住民生活や自然環境への影響などから、ダム建設への反対運動も少なからず起きていたことは、周知の事実だろう。では、反対運動の起こったダムは、その後、どのような経緯をたどったのだろうか。

### 九州で起きた蜂の巣城紛争

奈良県から和歌山県へと流れる紀の川では、１９５９年の伊勢湾台風襲来の影響などで、治水の根本的な変更を迫られていた。当時の建設省は、既に建設が始まっており、治水目的を持っていない大迫ダムの下流に、特定多目的ダムの**大滝ダム**を建設する計画を、１９６２年に発表した。これに伴い、村の中心部が完全に水没するため、村の存亡に関わるとして、地元で猛烈な反対運動が巻き起こった。

また、この時期は、全国各地でも激しいダム建設反対運動が起こっていた。福島県では、**田子倉ダム**（只見川）で、補償金額を巡る激しい攻防が起こり、田子倉ダム補償事件と呼ばれた。九州では、**松原ダム**（大分県筑後川）と**下筌《しもうけ》ダム**（大分県と熊本県を流れる中津江川）の建設を巡って反対運動が起こった。１９５５年、九州地方建設局は、下筌ダム建設予定地点で立木伐採を始め、反対派は座りこみを行ない、作業を阻止。１９５６年には、二重の砦、いわゆる蜂の巣城を築き、有刺鉄線も張り巡らせ、常時、反対派が立てこもった。これを、「蜂の巣城紛争」と呼ぶ。

その後は、両ダムとも１９７３年に完成し、ダムによって造られた人造湖は、蜂の巣城紛争にちなんで、蜂の巣湖、松原ダムは、地元の特産である梅にちなんで、梅林湖と名付けらた。

田子倉ダムの建設は、地元に大きな影響を及ぼしたが、その一方で、国道や鉄道などの周辺環境が整備され、冬の豪雪期に身動きできなかった状況を改善するなど、地元への貢献が成されている。人造湖は、田子倉湖と名付けられ、２００５年、只見町の推薦で、ダム水源地環境整備センターにより、ダム湖百

福島県南会津郡只見町にある田子倉ダム（重力式）と、その天端部。堤高145m、堤頂長462m、総貯水容量4億9000万㎥
Photo:写真小僧(GFDL)

Photo:河川一等兵[CC BY-SA 4.0]

奈良県吉野郡にある大滝ダム（重力式）。堤高100m、堤頂長315m、総貯水容量8400万㎥

選に選ばれ、越後三山只見国定公園にも指定されている。

## 東の八ッ場、西の大滝

大迫ダムは、1974年に完成したが、大滝ダムの補償交渉は暗礁に乗り上げた。この頃、東日本では、**八ッ場《やんば》ダム**（群馬県吾妻川）の着工が始まっており、2015年に完成予定だったが、反対運動などにより工事が遅れ、2020年3月にようやく完成した。これらから、一向に事態が進展しないダム事業を指して、『東の八ッ場、西の大滝』という言葉が関係者の間に広まった。なお、大滝ダムは、2004年、利水目的の供用を、2012年、治水目的の供用を開始。人造湖は、おおたき龍神湖と名付けられた。完成までに50年を費やした長期化ダム事業の代表格だといえる。大滝ダム竣工後は、1966年に事業が

大分県日田市にある松原ダム（重力式）と、地元の特産品である梅にちなんで命名された梅林湖。堤高82m、堤頂長192m、総貯水容量5400万㎥
Photo:Qurren[CC BY-SA 3.0]

大分県日田市中津江村にある下筌ダム（アーチ式）と、ダム左側にある発電所。堤高98m、堤頂長248m、総貯水容量5930万㎥
Photo:Kropsoq(CC BY-SA 3.0)

熊本県の川辺川ダム（アーチ式）建設予定地。完成すると、堤高108m、堤頂長283m、総貯水容量1億3300万㎥になる予定
Photo:Qurren(CC BY-SA 3.0)

開始された**川辺川ダム**（熊本県球磨川）が長期化の代表格ダムとして知られている。

## 中止に追い込まれたダム

ダム事業の反対運動が強烈であるほど、建設反対決議を行う自治体も多く、工事に入る前に、事前調査を拒否するため、調査段階で膠着状態に陥る。この状態が何十年も続くと、建設が事実上凍結になることがある。

反対運動によるダム建設中止は、北海道勇払郡占冠村に建設予定であった**赤岩ダム**が多目的ダムとしては初である。村の大多数が水没予定となることに、村民が一丸となって反対運動を起こし、1961年に事業中止となった。**尾瀬原《おぜがはら》ダム**計画は、尾瀬（現・尾瀬国立公園）に建設するダム計画であったが、完成すれば尾瀬は完全に水没していた。このため、自然保護や水利権などの利害対立により、反対意見が噴出。1966年以降、計画は凍結され、これを機に、日本の組織的な自然保護運動が誕生した。また、当時の建設省が計画していた**細川内ダム**（徳島県那賀川）は、30年以上にわたり、地元の木頭村（現・那賀郡那賀町）が強硬に反対し、1996年に事実上休止、2000年には計画中止となった。

古代ローマ人の高い技術によって建設されたコルナルボダム。現在もなお使用されている
Photo:http://www.charlymorlock.com/(CC BY-SA 2.0)

ダムをもっと知る

# ダム建設の歴史

人類史上、最古の人工建造物の進化をたどる

## 紀元前に現れる古代のダム

ダムの歴史は古い。人類が造った人工建造物の中では、最も歴史があるといわれる。そのダムらしきものが歴史上に現れるのは、約5000年前、古代エジプト王朝が、ナイル川の流れを変えるため、ダムを築造したという記録が残っているが、これは堤防のようなものだったらしい。諸説あるが、史上初めてダムが現れるのは、紀元前2750年頃のエジプト王朝で建設された、**サド・エル・カファラダム**（異教徒のダムという意）が定説。ピラミッド建設の労働者に飲料水を確保するために造られたものだ。そして古代アラビアでは、紀元前750年頃、サバ王国首都のマリブの町の給水のため、**マリブダム**が建設された。このダムは、世界初の、石積み構造で造られた洪水吐を備えていたというから驚きだ。

古代ローマでも、193年頃に**アルカンタリアダム**や、130年頃にはローマ帝国の遺跡で知られるメリダの近くに、**プロセピナダム**が、その後に**コルナルボダム**が建設され、これらは現存して今でも使用されている。ローマは、古代文明の中でも、特に優れた土木技術を持っていたようだ。また中国では、紀元前240年頃、山西省に**グコーダム**が建設され、当時は世界最高の高さだったという。その後、前漢時代に、項羽と劉邦の戦いで、韓信が戦場近くの河川にダムを造った話が、司馬遷の『史記』に記されている。

古代のダムは、上水道や農業用の水を供給することが主な目的であり、世界4大文明発祥の地では、強力な権力者が存在し、大規模に労働力を動員することができたため、大きなダムの建設も可能だったのだろう。

## 技術の向上で巨大ダムが出現

14世紀頃を過ぎると、スペイン各地でダム建設が始まった。当時世界一に躍り出た**アルマンサダム**に次ぎ、1594年に完成した**チビダム**（別名・アリカンテダム）は、以後約300年間、世界最高の高さを維持した。中世ではスペインが、ダム技術で世界屈指を誇っていたようだ。

この頃のダムは、いわゆる利水目的であったが、17世紀に入ると、ヨーロッパ諸国で治水目的のダムが建設され、さらに重力式のダム技術が研究され始める。

19世紀になって、新たなセメントが発明されると、イギリス、フランスなど、世界各地にコンクリートダムが建設されていく。アメリカでは、20世紀前半頃、**TVA（テネシー渓谷開発公社）**が設立され、多数のダムを建設していった。20世紀後半、ダム建設技術はさらに向上し、高さ200mを超える巨大ダムが各国で続々建設されるようになった。特にコロラド川に建設された**フーバーダム**は、後のダム建設の技術に大きな影響をもたらしている。その後、ウガンダの**オーエンフォールズダム**、エジプトの**アスワン・ハイダム**などの巨大ダムが世界各地で建設され、中国では、2009年、世界最大の水力発電量を誇る三峡ダムが完成した。

パインフラットダム

アメリカ・カリフォルニア州にあるパインフラットダム。短期間で完成した佐久間ダムの成功は、このダムで使用されていた重機の導入にある
Photo:Kjkolb(CC BY-SA 3.0)

## 明治以降に 高い技術力を結集

日本では、農業用のため池が各地に造られており、大阪府の**狭山池**《さやまいけ》（7世紀前半）が最古といわれ、次いで、香川県の**満濃**《まんのう》**池**《いけ》（8世紀初頭）、奈良県の**大門池**（12世紀前半）が有名だ。以降、多数のため池が作られているが、本格的なダムと呼べるものは、明治以降からだといえる。

日本初の水道用ダムは、1891（明治24）年に完成した**本**《ほん》**河内高部**《ごうちこうぶ》**ダム**（長崎市）であり、初のコンクリートダムも水道用で、1900（明治33）年完成の**布引五本松ダム**（神戸市）である。そして、20世紀に入り、各地の河川で、水力発電用のダムが建設されていく。

初の発電用コンクリートダムは、大正元年竣工の**黒部ダム**（名前は同じだが、富山県ではなく栃木県のダム）だといわれている。大正後期から昭和初期には、長距離送電ができるようになり、大都市に送電する水力発電が活発となっていく。その典型例が岐阜県の**大井ダム**で、堤高50mを超えた日本初のダムとして話題になった。そして、1930（昭和5）年に完成した富山県の**小牧ダム**（重力式・堤高79m）は、当時東洋一のダムといわれた。この間、工期が短く維持管理が容易なバットレスも注目されたが、施工性などの面から次第に衰退していった。

太平洋戦争が終わり、戦後復興期には、アーチ式や重力式の大ダム建設時代が幕を開けた。アーチ式の先駆けとなったのは、1953（昭和28）年に竣工した島根県の**三成**《みなり》**ダム**と、難工事を克服して昭和31年に完成した堤高110mの**上椎葉ダム**（宮崎県）がある。

大規模な発電用ダムでは、1956年の**佐久間ダム**（静岡県）、1963年の**黒部ダム**（富山県）などがある。佐久間ダムは、巨大ダムでありながら、わずか3年という短期間で完成した。その秘密は、アメリカのダム建設現場から、最先端の重機や技術を日本に導入したことによる。黒部ダムは、日本屈指の秘境といわれた峡谷に建設するため、困難を極めたが、7年間かけて遂に完成した。

## 新技術も続々登場

一方、戦後のセメント不足時代には、**御母衣**《みぼろ》**ダム**（岐阜県）や、**石淵ダム**（岩手県）などのロックフィルダムが建設され、復興期から高度成長期にかけては、治水、電力増強などを目指して、**田瀬ダム**、**五十里**《いかり》**ダム**、**天ヶ瀬ダム**など、数々の多目的ダムが建設されるようになった。

## 世界と日本における主なダムの歴史

| | | ［世界］ | ［日本］ |
|---|---|---|---|
| 紀元前（年） | 3000 | サド・エル・カファラダム（2750） | |
| | 1000 | マリブダム（750） | |
| | 500 | グコーダム（240） | |
| | 100 | アルカンタリダム（193） | |
| 西暦（年） | 100 | コルナルボダム（130） | |
| | | | 狭山池（616） |
| | 1000 | | |
| | 1500 | チビ（アルカンテ）ダム（1594） | |
| | 1900 | | 本河内高部ダム（1891） |
| | | フーバーダム（1936） | 布引五本松ダム（1900） |
| | | | 大井ダム（1924） |
| | 1950 | オーエンフォールズダム（1954） | |
| | 1960 | カリバダム（1959） | 佐久間ダム（1956） |
| | | | 奥只見ダム（1960） |
| | 1970 | アスワン・ハイダム（1970） | 黒部（黒四）ダム（1963） |
| | 1980 | ヌレークダム（1980） | |
| | 1990 | グリダム（1986） | |
| | | イタイプダム（1991） | |
| | 2000 | | |
| | | | 宮ヶ瀬ダム（2000） |
| | | | 温井ダム（2001） |
| | | 三峡ダム（2009） | |

技術面での進展は、さらに著しく、1970年代に入ると、ブルドーザーでコンクリートを敷きならし、ロードローラーで締め固めていく**「RCD工法」**が開発される。この工法が本格的に世界で初めて実施されたのは、1981年に完成した島地川ダム（山口県）であり、以後、この工法は、大規模ダム工事で採用が広がっていく。近年は、**宮ヶ瀬ダム**、**浦山ダム**、**月山ダム**、**湯西川ダム**、**長井ダム**などが、この工法で建設されている。

フーバーダム

アメリカ・コロラド川に建設された巨大なフーバーダム
Photo:Florian.Arnd(CC BY-SA 3.0)

日本初のコンクリートダムは水道用の布引五本松ダム（神戸市）だ

布引五本松ダム

Photo:663highland(CC BY 2.5)

# ダム人物伝
## 日本の土木技術を支えた人たち

明治維新から、およそ150年。諸外国の最新技術を取り入れ、日本の土木技術を支え、数々の業績を残してきた人たちがいた。彼らは、一体どのような人物だったのだろうか。

### お雇い外国人が来日

近代日本の夜明け、それは明治維新に始まるといってよい。いわゆる黒船来航により、鎖国を破られた日本は、幕末の激動期を経て、西欧文明、欧米の最新知識を積極的に受け入れていく。その方法は、「お雇い外国人」といわれた多数の外国人を雇って、日本に科学技術の成果を伝え、日本人技術者を育成することであった。

雇用されたお雇い外国人の総数は、1868（明治元）年〜89（明治22）年までで、計2299名。その内、土木関連は146名と、国土開発に力を入れていた明治政府は、鉄道や測量など、土木に多くの外国人を雇った。国別ではイギリスが最も多かったが、河海工事の指導技術者はオランダに求めた。

1872（明治5）年、**ファン・ドールン**が、翌年、彼の招へいにより、**ヨハニス・デ・レイケ**ほか数名がオランダから来日。ドールンは、明治13年に帰国するまで、利根川、江戸川の改修計画、猪苗代湖の水を引いた安積疏水《あさかそすい》など、日本の重要河川、港湾の修築計画や工事の多くを手がけ、彼の著した『治水総論』は、日本の治水技術の教本となった。

安積疏水の功績を称え、会津若松市に建立されているファン・ドールン（1837.2.9〜1906.2.24）の銅像

デ・レイケは、放水路や分流の工事を行ない、特に、木曽川の下流三川分流計画を成功させ、砂防や治山の工事を体系づけ、砂防の父と呼ばれた。彼が建設した砂防ダムや防波堤は、現在でも日本各所に現存している。

岐阜県の羽根谷だんだん公園内に設置されたヨハニス・デ・レイケ（1842.12.5〜1913.1.20）の銅像

### 土木の基盤を構築

時を同じくして、日本では、**古市公威**《ふるいちこうい》が、1875（明治8）年、フランスに留学し、明治13年に帰国。1886（明治19）年、帝国大学工科大学（東京大学工学部の前身）の初代学長に就任。また、山縣有朋のヨーロッパ巡行に同行し、帰国後の1890（明治23）年、内務省土木局長に就任、1898（明治31）年まで土木行政を指導した。この間の大きな成果として、明治27年に初代土木技監への就任、明治29年の河川法、翌年の砂防法の制定がある。古市は、土木行政の改善を図り、技術・行政上に非凡の才能を振るい、近代土木界の最高権威とされている。

1914（大正3）年、土木学会設立とともに初代会長に就任、1929（昭和4）年には、東京で開かれた万国工業会議で会長を務めた。日本の国土開発に

近代土木の基礎を築いた古市公威（1854.7.12〜1934.1.28）

心血を注いだ古市であったが、その一方で能にも造詣が深かったという。明治時代に活躍した技術者たちは、能・日本画・和歌・俳句などの趣味に長けている者が多く、技術一辺倒ではない生き方には、尊敬の念を抱くばかりだ。

なお、作家・三島由紀夫の本名である平岡公威《ひらおかきみたけ》は、古市公威の名にあやかって付けられたといわれている。後年、三島がダム文学『沈める滝』を執筆したのは、このことが影響しているのではと推測される。

東京大学構内に建てられている古市公威の銅像

## 主要河川の形態を確立

古市と同時期にフランスへ留学していた**沖野忠雄《おきのただお》**は、帰国後、1883（明治16）年、土木局技師となり、全国の主要河川の改修を指導した。なかでも、最も心血を注いだのが、淀川の改修と大阪築港だった。大阪経済の基盤は海運であったが、淀川と支流から大量の土砂が流れ込むため、大阪港付近は水深が浅く、吃水の深い外国船の入港が困難だったからだ。

大阪府は、ドールンら、お雇い外国人に計画書の作成を依頼し、その後、淀川の二度にわたる大洪水を受け、デ・レイケが計画立案、古市公威、沖野忠雄らによる調査会を設け、明治29年、淀川改修を開始、翌年には、大阪築港工事が着工。工期は8年という短い期間であったが、直轄による工事のシステム化と機械化で、見事、期間内に竣工した。どちらも沖野が工事責任者に任ぜられ、この二つの現場を人力車で隔日に出勤し、両工事に携わる技師たちを自宅に招くなど、現場の人間関係を築くことにも努めたという。「明治改修の父あるいは直轄河川事業の父」ともいわれた沖野の功績によって、主要河川の今日の形態がほぼ確立したといってよい。

## 北海道開拓にも寄与

札幌農学校で「港湾工学の父」と称せられた**廣井勇《ひろいいさみ》**は、札幌農学校教授を経て、1899（明治32）年、古市公威の推挙で、東京帝国大学工科大学教授に任命され、橋梁工学を担当した。彼に強い影響を受けた**岡崎文吉《おかざきぶんきち》**は、北海道庁の技師として、石狩川治水計画の基礎を築いた。1902（明治35）年、欧米の主要河川を約1年かけて視察後、明治43年、石狩川治水事務所長に就任。蛇行する川を生かしながら、洪水調節を図る治水方式を採用、これを岡崎は自ら、「自然主義」と称した。

港湾工学の父と称せられ、岡崎文吉や青山士に強い影響を与えた廣井勇（1862.9.12～1928.10.1）

だが、予想を超える難工事に悩まされ、1917年（大正6年）には、河川ショートカット案を唱える沖野忠雄と対立し、大正7年、石狩川を去り、大正9年から15年間、中国へ赴任して遼河の治水に精力を注いだ。しかし、岡崎の唱えた自然主義は、近年、再評価され、石狩川河口付近の補修に採用され、千歳川河川整備などにも盛り込まれている。

広大な琵琶湖の湖水を京都に引き込み、蹴上《けあげ》に日本初の水力発電所を建設した**田辺朔郎《たなべさくろう》**は、東京遷都で衰退していた京都の町を再興した立役者である。1890（明治23）年に竣工した「琵琶湖疏水」は、田辺が企画から施工まで、すべてを指揮し、外国人には依存しなかったとい

世界に冠たる琵琶湖疏水を完成させた田辺朔郎（1861.11.1～1944.9.5）

1902（明治35）年当時の琵琶湖疏水インクラインと舟

う。琵琶湖の水を通したトンネルの各ゲートには、伊藤博文、井上馨、三条実美らの揮毫が掲げられ、当時の国家的大事業であった風格を漂わせた。

その後は、東京帝国大学教授に就任し、明治27年、帝大教授の職を投げ打って北海道に渡り、北海道の鉄道敷設に力を入れた。石狩から十勝に至る現・根室本線ルートの調査・選定を行い、いまの狩勝峠を唯一の突破口と見出して峠の名付け親となったことでも有名である。

## 日本最初の重力式ダム

明治45年間で、わが国に蓄えられた土木技術は、国土開発のインフラ整備と相まって、急速な発展を遂げた。鉄道の敷設や、主要河川の工事も進み、その後のダム建設に伴う発電や治水の知識も豊富に導入・研究された。

近代的な上下水道建設は、1887（明治20）年、横浜で開始されたが、明治24年、長崎県で日本初の上水道ダムとして、本河内高部貯水池を完成させたのが、当時、長崎県技師であった**吉村長策**《よしむらちょうさく》だ。明治28年には大阪市水道を、明治33年には、日本最初の本格的な重力式コンクリートダムである布引五本松ダム（神戸市）を完成させた。吉村は、わが国の水道新設工事の顧問として、その計画実施を指導し、長崎・大阪・神戸・門司・福岡・佐世保などで、水道創設工事に尽力した。

この吉村を補佐し、布引五本松ダムの設計にあたったのが、**佐野藤次郎**《さのとうじろう》である。明治29年、神戸市の水道創設にもあたり、完成後は韓国に招かれ、水道工事を推進。その間も神戸市水道の建設に献身し、水道用コンクリートの発明によって博士号を受けた。その他、大井ダム（木曽川）の建設にも腕を振るい、豊稔池ダム（香川県）、烏山頭《うさんとう》ダム（台湾）などの建設にも関与している。

この烏山頭ダムの設計・監督を行なったのは、**八田與一**《はったよいち》だ。日清戦争後、台湾を領有することとなった日本は、台湾へ土木技術者を派遣し、インフラ整備に力を入れた。八田は、1910（明治43）年に東京帝大土木科卒業後すぐに台湾へ渡り、当時、アジア最大といわれた農業用水開発のアースダムである烏山頭ダム建設に従事した。これにより、現地は豊潤な穀倉地帯へと生まれ変わり、地元の人々は、今でも八田を心の底から慕い、尊敬しているという。なお、八田の親友であった**石井頴一郎**《いしいえいいちろう》は、小牧ダムや宇治川の水力発電所などで工事に携わり、重力式コンクリートダムの新技術を指導したことで知られている。

日本よりも台湾で知名度が高い八田與一（1886.2.21～1942.5.8）

八田の銅像と墓。ダム建設時に住んでいた台湾の宿舎跡を復元し、八田與一記念公園が2011年に完成。2013年には、公園内に銅像が建立された

## パナマ運河建設に携わった唯一の日本人

日清戦争、日露戦争にも勝利した日本は、軍事力だけでなく、近代化に向け、その社会基盤を築いた土木技術の成果も上がっ

1913年当時、パナマ運河の閘門建設の様子。閘門《こうもん》とは、水位の異なる河川や運河で船を上下させるための装置のこと

ていった。そんな中、内村鑑三の影響を受け、土木技術者を目指した青山士《あおやまあきら》は、パナマ運河建設に携わった唯一の日本人であり、荒川放水路の建設、信濃川大河《おおこう》津《づ》分水路の改修工事なども指揮した。内村鑑三は、新渡戸稲造、廣井勇らと、札幌農学校の同級生で、親友でもあった。廣井は、1899（明治32）年から、東京帝大教授として、橋梁工学を担当していたが、青山は、この廣井の講義を聴き、遥かなるパナマ運河への思いを募らせていた。

　東京帝大を卒業後、1903年、廣井の紹介状を携えて単身渡米。紹介状の宛先は、アメリカ土木界の有力者で、パナマ運河工事委員会の委員でもあったコロンビア大学教授W《ウイリアム》・H《ヒューバート》・バーであった。1904（明治37）年より7年半、パナマ運河開削工事に従事した青山は、マラリアにも罹患する過酷な測量を経験したが、次第に勤勉さと手腕を高く評価されるようになった。

　しかし、パナマ運河の完成を見ることなく、帰国の途に就く。これは、日露戦争後に日本への警戒が高まった影響もあり、新聞にはスパイではないかとの疑いも書かれたそうだ。青山は、無教会主義のクリスチャンであった内村鑑三の影響が強く、帰国後も、私利私欲のためではなく、広く後世の人類のためになるような仕事をしなければならない、という思想を貫いた。

## 電力王と呼ばれた男

　明治の世が終わり、大正時代を経て、昭和を迎えた日本。この時期の最大の試練は、1923（大正12）年の関東大震災だろう。復興事業には、後藤新平が敏腕を振るい、東京では徹底した土地区画整理を断行した。大正時代には、主に水力発電事業が進展し、先述の大井ダムが完成。堤高50mを超えた最初のダムであり、大ダム建設の始まりである。この時期、関東大震災の影響もあり、大ダム建設反対の声も高まったが、これを抑えたのは、福澤桃介《ふくざわももすけ》の力に依るところが大きい。

　福澤は、慶應義塾大学に入学し、福澤諭吉に才を認められ、婿養子となり福澤姓を名乗る。卒業後、渡米し、鉄道会社に勤務した後、さまざまな電力・鉄道会社の社長、重役、顧問に就き、「日本の電力王」と呼ばれるに至る。

日本の電力王と呼ばれた福澤桃介（1868.8.13～1938.2.15）

　大井ダムは、大同電力の初代社長に就いてから、苦難の末、1924（大正13）年に完成させた。大同電力は、その後の関西電力の礎ともなった。これら桃介の偉業は、現在、長野県木曽にある木造の吊り橋、桃介橋にその名を留めている。

　また、松永安左衛門《まつながやすざえもん》も、「電力王」または「電力の鬼」といわれた財界人の一人だ。慶應義塾に入学し、福澤諭吉の朝の散

木曽川に架けられた桃介橋。1994年、国の重要文化財に指定された

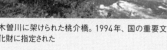

歩にお供をするようになると、福澤桃介の知遇も得た。1909（明治42）年、福博電気軌道の設立に関わり、電力事業に携わる第一歩となった。

　その後、いくつかの電力会社を合併し、東邦電力を設立、1928年には社長に就任した。東邦電力は、九州・近畿・中部に及ぶ勢力を持ち、さらに、東京進出を図り、東京電力（現在の東京電力とは別）を設立し、1都11県に電力を供給するまでになった。1927（昭和2）年、東京電力は東京電燈と合併し、松永は同社の取締役に就任。この頃、「電力統制私見」を発表し、民間主導の電力会社再編を主張したことなどもあって、電力王の異名が付いた。

松永安左衛門（1875.12.1～1971.6.16）は、政治家、美術コレクター、茶人としても知られ、電力の鬼ともいわれた

## 多目的ダム建設の祖

　大正時代から昭和初期にかけては、**物部《ものべ》長穂《ながほ》**が、河川・ダム工学の第一人者として、当時の日本に多大な影響を与えた。ダムの耐震構造に関する基礎を形成し、バットレスや重力式の工法理論を構築。この理論を採用したのが小牧ダム（富山県）で、1930（昭和5）年に完成した当時は、東洋一の高さを誇った。

　既に物部は、1926年、「河水統制計画案」を発表しており、これは、先述の青山士によって、1937年に正式採用され、多目的ダム建設計画の原型となった。利根川や北上川もその中に入っており、「北上川上流改修計画」として着手され、洪水調節、かんがい、上水道供給を図ろうとした。これがいわゆる「北上川5大ダム」の建設である。

　なお、**萩原《はぎわら》俊一《としかず》**は、これに加え、河川管理者の一元化も指摘するとともに、多目的ダムの実施を促し、利水事業の統合的計画を立てて工事を施工することに力を注いだ。これらは、当時の日本における社会的・経済的背景に沿うものとしても注目された。

　また、物部が昭和8年に発表した『水理学』と『土木耐震学』は、歴史上に残る優れた文献として知られ、物部の思想は、現在に至るまで河川総合開発の基本として影響を与えている。

　さらに河川開発においては、富山県黒部川の水力開発で、黒部ダムの完成に先んじること40年以上も前、宇奈月温泉の誕生が後世に名を残している。1917（大正6年）、富山県が生んだ世界的化学者・高峰譲吉らが日本最初のアルミ精錬所を計画し、黒部川で電源開発を進めるため、東京帝大土木工学科出身の**山田《やまだ》胖《ゆたか》**を引き抜き、計画を推進。山田は、黒部鉄道を設立し、黒部川上流の黒薙《くろなぎ》温泉から引湯管の工事に着手。1923（大正12）年、約7㎞の宇奈月温泉引湯管が完成し、宇奈月温泉が開湯した。

昭和30年頃まで使用されていた赤松を使用した宇奈月温泉の木管引湯管。今でも、いくつかの温泉街に展示されている

## 国内初のバットレスダム

　巨大ダム建設では、京都帝国大学土木工学科卒業後、京都御所防火水道の建設などに関わった**小野《おの》基樹《もとき》**がいる。小野は、当時の実例で多かった重力式やアースではなく、わが国初のバットレスを採用し、当時、横浜市に次いで上水道が整備されていたといわれる函館市で、笹流《ささながれ》ダムの設計と工事指揮を行ない、大正12年に完成させた。特徴として、工費が安く、工期も短く、

維持管理が容易なことなどがあるが、凍害や施工性の面から次第に衰退し、現在、バットレスは日本で6基しかない。その後は、小河内ダム建設にあたるが、太平洋戦争突入で工事は中断。戦後になって、小野の熱意と技術力により、ようやく1957（昭和32）年に完成した。

## 戦後復興に貢献

　昭和10年代は、太平洋戦争により、多くの物資が不足し、工事中止となったダムも多い。1945（昭和20）年の敗戦以降、荒廃した国土は、土木技術者たちの活躍により、復興を果たしていった。

「もはや戦後ではない」といわれたのは、1956（昭和31）年であり、同年に竣工した佐久間ダム（天竜川水系）は、わずか3年という短期間で完成し、大ダム建設の先駆けとなった。**永田年**《ながたすすむ》は、この建設に際し、建設所長となって陣頭指揮を執り、心血と情熱を注ぎ込んだ。早期竣工の原動力となったのは、アメリカから輸入した大型ダンプカーやブルドーザー、油圧ショベルなどといった大型重機械だった。

　これを決断したのは、電源開発の初代総裁・**高碕達之助**《たかさきたつのすけ》だ。高碕は、当時、最も工事が進んでいるといわれた木曽川の丸山ダムを視察し、重機が動いていなかった現場を目の当たりにした。そこで、技術者を引き連れてアメリカのダム建設現場の視察に行き、巨大な重機が無駄なく動き回っていたのを見て、導入を決めたという。こうして、最新技術が日本の技術者たちに伝えられ、以後、急速に日本国内で普及していった。

　これら、小河内ダムや佐久間ダム、上椎葉ダム（宮崎県）を始め、関門鉄道トンネルなどのコンクリート工事を指導したのは、**吉田徳次郎**《よしだとくじろう》である。1938（昭和13）年から約10年間、東京帝大でコンクリートの講義に精進し、約1年間の渡米を経て、コンクリート施工技術の母体を作り上げた。

　戦後復興を土木技術者たちが担う中、実業界からは、関西電力の初代社長に就任した**太田垣士郎**《おおたがきしろう》が、戦後の電力不足事情を素早く見抜き、丸山ダムや黒部ダムの建設に乗り出した。太田垣は、「経営者が10割の自信を持っている事業は、仕事のうちには入らない。7割成功の見通しがあったら勇断をもって実行する。黒部は是非とも開発しなければならん」と言って決断したのは有名な話である。

兵庫県豊岡市にある太田垣士郎
（1894.2.1 ～ 1964.3.16）の銅像と資料館

## 大プロジェクトが進行

　1960年代から80年代にかけては、1963（昭和38）年完成の黒部ダムに始まり、69年の奈川渡ダム竣工、74年に温井ダムが着工するなど、次々と大プロジェクトが進行していった。国家的にも、東京オリンピックや大阪万国博覧会、青函トンネル開業、瀬戸大橋開通など、大きなイベントや大事業が相次ぎ、この時代を、作家・司馬遼太郎は、土木技術者興奮時代と呼んだ。

　1990年代に入ると、バブル崩壊により、日本経済は低成長時代を迎えたが、土木技術は停滞することなく進歩してきた。大地震や津波などが日本を襲い、自然災害の多いわが国においては、今後も大きな試練が待ち受けているかもしれない。そんな中、日本を支え、難局を乗り越えてきた土木技術者たちの偉業を称えるとともに、21世紀は、後継者たちの一層の活躍に期待したい。

ダムをもっと知る

# 海外だけでなく日本でも発生した
# ダムで起きた決壊事故

## 想定外の災害は起きる

紀元前から古代文明発祥の地などで建設されていたのは、主に利水を目的としたダムだが、近代の建設技術の発達は目覚ましく、現在は世界中で、治水においても多大な役割を果たしている。日本でも、明治時代以降、急速な発達を遂げ、利水・治水に貢献している。明治の頃に完成した水道用ダムは、21世紀の現在も、ほぼ現役で運用されており、中でも、本河内高部ダムは、豪雨による長崎大水害を乗り越え、布引五本松ダムは、阪神・淡路大震災に遭遇しても致命的な損害を受けなかった。これは、日本のダム建設技術が当初から高かったことを示している。

しかし、ダムが人工構造物である以上、予期せぬ自然の脅威や天災などの影響を受けて、決壊事故が起きる場合もある。ダム本体には、大量の水が蓄えられているため、決壊や越流事故が発生すると、単なる堤防事故や河川氾濫とは桁違いの被害をもたらす。これがダム決壊の最も恐ろしい点だといえよう。

## 豪雨が原因か、施工の不備か？

1940（昭和）15年に、北海道紋別郡幌内川で完成した水力発電用の**幌内《ほろない》ダム**は、その翌年、集中豪雨による河川の増水と、ダム内に流入した流木がダムのゲートを塞いだため、放流機能を喪失、決壊事故が起き、死者60名・罹災者220名という大惨事となった。予期せぬ自然災害を抑えられなかった理由としては、わずか2年弱という非常に短い工期で作られたため、施工不良や不備があったのではといわれているが、真相は定かではない。

福岡県筑後川水系の**夜明《よあけ》ダム**では、建設中の1953（昭和28）年、梅雨前線の活発化によって豪雨となり、ダムは、上流からの激しい濁流に洗われたが、遂に両岸から越水・溢流し、決壊した。だが幸いにも、全面決

幌内ダム（堤高21m、堤頂長162m）は、後に再建されたが、昭和48年に廃止された
©国土交通省

大決壊には至らなかった夜明ダム（堤高15m、堤頂長223m）

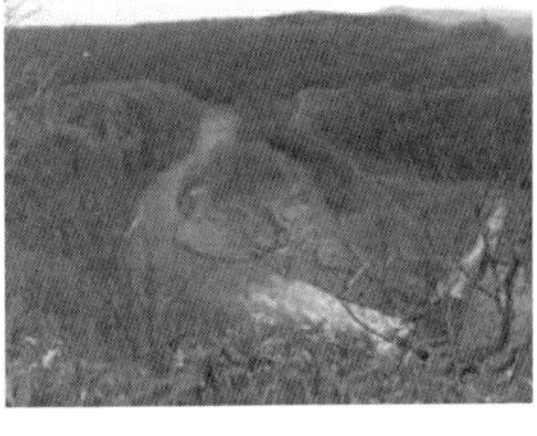

現在、幌内ダムは砂防ダムとなっており、河川法上のダムとは規定されておらず、人造湖も特に名称が付けられていない
Photo:Ippukucho(CC BY 3.0)

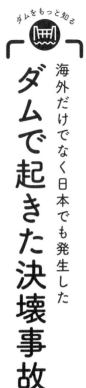

壊には至らず、設備の一部が破損・流出したに止まった。この事故が下流の水害を増幅させたのではないかという指摘もあったが、ダム決壊による被害ではなく、河川整備の不備が災害を引き起こしたとの結論になった。

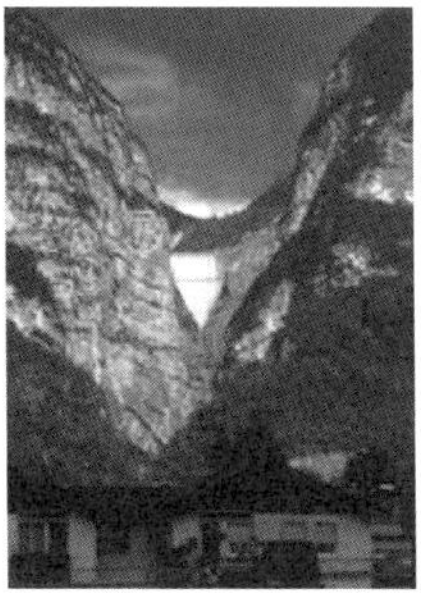

(上) ダム水流の津波に襲われた災害後のロンガローネ村
(右) ロンガローネ村から見たバイオントダムの堤体

また、完成後のダムに問題がないかをチェックするため、ダム湖の水圧に耐えられるか、堤体から漏水がないか、といった試験を行なう「試験湛水《たんすい》」の時に事故が起きる場合もある。奈良県の**大滝ダム**では、この試験湛水中に斜面や付近の家屋に亀裂が入るという問題が発生した。だが、地すべりなどの大きな事故が発生することを防ぐことができたという。このことからも試験湛水の重要性は十分に認識できるといえる。

## 災害後に、地質調査を重要視

イタリア北東部の**バイオントダム**は、深い渓谷に建設され、峡谷の出口付近には、ロンガローネという集落が広がり、1960年の竣工当時は、262mという世界最高の堤高を誇っていた。ところが、貯水開始後、堤体の周りで、小さな地すべりが頻発するようになった。危険性の指摘や、大災害の予兆はあったものの、それらは当時、軽視された。

そして1963年10月、遂に、大規模な地すべりによって貯水湖から押し出された水が津波となり、ダム湖周辺と下流の集落に、壊滅的な被害をもたらしたのである。堤体自体は、ほぼ損傷しなかったものの、ダムは放棄された。その後、事故の責任を問う裁判が行われ、住民を避難させなかったとして8人の関係者が有罪となった。

この事故も、いわゆる試験湛水を軽視したひとつの事例といえるのではないだろうか。災害後は、ダム建設において、周辺の地質調査が特に重要視されるようになった。どれほど強固な堤体を造っても、周囲の山が崩落しては、ダム湖の水が簡単に溢れることがわかったためである。土砂により分断されたダム湖の間には、新しいバイパス水路が造られ、さらなる地すべりを防ぐため、水路や水路橋も築造された。現在も、ダムと周辺の観測データが、定期的にイタリア電力公社へ報告されているという。

## 富豪たちのクラブ開設が決壊の原因か？

アメリカ・ペンシルバニア州ジョーンズタウン市の上流には、**サウスフォークダム**があった。春の到来とともに、初頭の積雪が解け、水量が増えてダムが耐え切れなくなり、激しい雨などの影響もあって、1889年5月に決壊。約2000万tもの水が下流のジョーンズタウン市に流れこみ、2000名以上の犠牲者が出る大災害となった。別名、**ジョーンズタウン洪水**とも呼ばれるこの決壊事故は、ダム事故のギネス記録にも掲載されるという不名誉な歴史を残した。

ダムの近くには、当時、サウスフォーク・フィッシング・ハンティングクラブという西部の富豪たちで作られたクラブがあった。世界有数の大富豪だった鉄鋼王、アンドリュー・カーネギ

マルパッセダムの本体は、現在も決壊当時のまま保存されている（2006年、下流から撮影）
Photo:Royonx(CC BY-SA 3.0)

マルパッセダムの本体跡（1988年撮影）
Photo:PrefessorX
(CC BY-SA 3.0)

パイピングが起きたティートンダム。事故の規模のわりに犠牲者が少なかったのは、周辺地域の結束が固く、災害情報が素早く伝達されたためといわれている

ーも会員だった。ダムは州政府が運河建設のために造ったものであったが、鉄道が敷設されて不要となったダムをクラブが買い取り、彼らは、ダムを若干修理しただけで貯水量を増やして人造湖とし、湖畔に別荘やクラブハウスを建設したのである。

実は、クラブを開設してから、ダムは時々漏水し、泥や麦わらで応急修理していたという。さらに放水管が撤去されており、放水が制御できない状態になっていたのだ。その結果、ダムは決壊し、下流のジョーンズタウン市は犠牲になったわけだが、会員たちは、被災者を支援する救済委員会を作り、決壊事故については一切公言しないことを申し合わせた。この対策は成功し、クラブ会員は訴えられずに済んだといわれている。

アメリカでは、このほか、アイダホ州を流れるティートン川にあった**ティートンダム**で、1976年6月5日、湛水中にダムが崩壊して決壊した。約3億1000万tもの水が流出したといわれ、11人が死亡している。決壊は、盛土内部の侵食により漏水が発生し、パイピングが生じて破堤したことが原因。なお、パイピングは、浸透水の挙動により生じる地盤や構造物の破壊現象で、大型の構造物や建築物などがパイピングを起こして崩壊した事例もある。堤防やダムなど大量の水に接する土木工事では、パイピングが生じないよう注意が払われている。

## 岩盤の強度を過大評価

フランスのプロヴァンス＝アルプ＝コート・ダジュール地域圏には、1954年に**マルパッセダム**が建設された。しかし、5年後の12月、完成してから初の大雨により、満水状態になって、基礎地盤が下流側へ移動して崩壊し、ダムが決壊した。流水は下流のふたつの村（マルパッセとボゾン）を飲み込み、死者500名前後に及ぶ大災害となった。

マルパッセダムでは、岩盤の強度を過大評価したため、急激な水量増加に耐え切れず、岩盤に次いで堤体も崩壊に至ったものである。まだ、評価手法が十分に確立されていない時代だったから、止むを得ないともいえる。だが決壊後は、岩盤工学やダムの設計に必要な構造力学が飛躍的に進歩し、そのきっかけとなった事故として、引き合いに出されることが多い。フランスは、マルパッセダムを教訓として残すべく、現地を決壊当時のまま保存している。また、この事故の知らせを受け、建設中であった日本の黒部ダムが、設計変更をしたという。

ダムをもっと知る

# ダムを題材にした映画・文芸作品

## 著名作家による傑出した作品や迫力ある映画など多数あり

ダムが登場する、あるいはダムを題材・舞台にした映画や小説・文学は、過酷な自然環境を捉えながら、ダム建設に挑む人々や住民・家族の人間像などを描き出しているものが多い。また、迫力あるダムをロケ地にすることで、作品のスケール感が大きくなっているともいえる。ここでは、その主な作品を追ってみよう。

### 記録と迫力のダム映画

まず、**『井川五郎ダム』**（1958年・82分）は、大井川上流にあった井川村が舞台で、ダム建設にまつわる歴史的変貌を収録している。**『佐久間ダム』**（1958年・96分）は、ダムを天竜川に建設する際、米国の大型土木機械を導入し、当時のダム工法を革新した模様を描いた傑作。**『御母衣《みぼろ》ロックフィルダム』**（1960年・95分）は、白川郷で、日本初のロックフィルダムとして建設されたダムの建設初期（第1部）と、建設最盛期（第2部）の模様が収録されている。

映画史にも残る大作**『黒部の太陽』**（1968年・196分）は、当時、世紀の難工事といわれた黒部第四ダム建設のため、ダムに通じる物資輸送のトンネル工事を中心に描いた映画だ。木本正次の小説が原作。**『ふるさと』**（1983年・106分）は、岐阜県徳山村が舞台。ダム建設で消えゆく故郷と、そこに生きる人間の営みを追っている。

**『ホワイトアウト』**（2000年・129分）は、ダムを占拠したテログループに戦いを挑む、織田裕二主演のサスペンス・アクションとして話題になった。ダムのロケ地は、黒部ダムと、新潟県の三国川《さぐりがわ》ダム。原作は、真保裕一のサスペンス小説（1995年・新潮社）であり、小説の方は、奥只見ダムが舞台。

タイの**『タキアン』**（2003年・99分）は、開発の波が押し寄せるタイの森で建設されるダムと、住民たちの恐怖を描いている。中国の**『水没の前に』**（2004年・143分）は、世界最大となった三峡ダム建設で、水没していく町や、移転する住民の生活などを鋭く捉えている。

ホームビデオを使って撮影した**『ザ・ダム』**（2006年・80分）は、完全自主映画として制作された、ダム巡りムービーだ。**『水になった村』**（2007年・93分）は、『ふるさと』と同じ、水没する徳山村の15年間を描いたドキュメンタリー。

そして、アメリカの**『トランスフォーマー』**（2007年・

三船敏郎、石原裕次郎が主演した映画『黒部の太陽』（1968年・196分）の全記録（新潮文庫・2009年）。監督の熊井啓による執筆で、映画の全貌が分かる

『ホワイトアウト』（2000年・129分）配給：東宝／出演：織田裕二、松嶋奈々子、佐藤浩市、石黒賢／監督：若松節朗

ダム巡りを撮影した『ザ・ダム』（2006年・90分）発売・販売：アルバトロス・監修＋出演：萩原雅紀

『トランスフォーマー』（2007年・143分）のロケ地に使われた、コロラド川流域にあるフーバーダム。堤頂221m、堤頂長379m、総貯水容量352億m³の巨大ダムで、『スーパーマン』などのロケ地にもなっている
Photo:Florian.Arnd(CC BY-SA 3.0)

『ダムネーション』（2014年・87分）配給：ユナイテッドピープル・監督：ベン・ナイト&トラヴィス・ラメル・教育機関向けのDVD（52分）もある
© DAMNATION,UNITED PEOPLE

143分）は、アリゾナとネバダの州境にあるフーバーダムがロケ地となっている。トランスフォーマーのロボットが収蔵されている重要研究施設という設定だ。『**ダムネーション**』（2014年・87分）は、アメリカに造られた多くのダムを撤去し、川の自由を取り戻そうとしてきた人たちを追ったドキュメンタリー。また、日本のSF映画『**太陽**』（2016年・129分）では、旧人類と新人類の世界の狭間にある橋を、奥秩父の滝沢ダムにセットとして作り込んでいる。

## 石川達三や三島由紀夫も執筆したダム文学

社会派作家として知られる石川達三は、芥川賞の第1回受賞作家で、受賞後、『**日蔭の村**』を、1937年、『新潮』に発表した。小河内ダムを舞台に、水没する村と東京市の行動、人物像などが力強く描かれている。その後、『**金環蝕**』（1966年）でも、九頭竜ダムをモデルに汚職事件を描いている。1975年、山本薩夫監督によって映画化もされた。

また、三島由紀夫は、『**沈める瀧**』（1955年）を『中央公論』に連載した。舞台は奥只見ダム。現場の越冬隊に流離した青年が、人工的な愛の創造を試みるというストーリーだが、現場の様子を独自の視点で見つめており、三島文学の重要な作品のひとつとなっている。

井上靖の『**満ちて来る潮**』は、1955〜1956年に、毎日新聞で連載された新聞小説。恋愛の話が中心だが、ノーベル文学賞候補にもなった井上靖らしく、巧みな構成で話が進んでいく。ダム建設など、日本の自然や社会と結びついた話題、人間模様が展開され、1956年に映画化もされている。

城山三郎の『**黄金峡**』は、直木賞を受賞して半年後の1959年、当時の『週刊東京』に連載された。経済小説の開拓者といわれた城山三郎は、当時も徹底的な取材を行い、ダム補償問題を真正面から捉えてえる。モデルは、田子倉ダムと奥只見ダム。建設会社の現場土木技師の

神木隆之介、門脇麦が主演のSF映画『太陽』（2016年・129分）のロケ地となった滝沢ダム（重力式）。堤頂132m、堤頂長424m
Photo:Qurren(CC BY-SA 3.0)

経済小説の開拓者、城山三郎の『黄金峡』（中央公論社・1960年発行）

歴史小説の大家、井上靖の『満ちて来る潮』（新潮社・1962年発行）

三島文学の重要な作品の一つ『沈める瀧』三島由紀夫（新潮文庫・1963年発行）

第1回芥川賞作家である石川達三の『日蔭の村』（新潮文庫・1949年発行）と、『金環蝕』（新潮文庫・1974年発行）

ダム小説の金字塔『黒部の太陽』（新装版）木本正次（新潮社・2009年発行）

記録文学の傑作、吉村昭の『高熱隧道』（新潮文庫・1975年発行）と、『水の葬列』（新潮文庫・1976年発行）

ダム文学のひとつの到達点といえる曽野綾子の『無名碑』（講談社・1969年発行）と『湖水誕生』（中公文庫・1988年発行）

蜂の巣城紛争を取り上げた実録的中編小説『大将とわたし』佐木隆三（講談社文庫・1982年発行）

目を通じて描いた作品だ。

現場や証言を周到に取材し、緻密に構成した多彩な記録・歴史文学が多い吉村昭の『**水の葬列**』（1967年）は、山奥の渓谷にあるダム建設現場で、水没の憂き目にあう事件を素材として扱っている。文中に、K川、K4ダムと出てくるので、黒部ダムが舞台と思われる。また同年に、『**高熱隧道**』を、黒部第三発電所を舞台として、建設会社の現場土木技師の目を通じて執筆。極限状況における人間の姿を、綿密な取材と調査で再現している。

その黒部ダムが題材の『**黒部の太陽**』（1964年）は、毎日新聞編集委員であった木本正次が、毎日新聞夕刊に長期にわたって連載したノンフィクション小説。登場人物が実名で書かれており、当時の黒四ダム建設における波砕帯突破の苦闘などが生き生きと描かれている。

佐木隆三の『**大将とわたし**』（1968年）は、下筌《しもうけ》ダムで起こったダム建設反対運動、蜂の巣城紛争を題材にした実録的小説で、直木賞候補にもなった記念碑的作品。

## 現場に通って土木を学んだ曽野綾子

また、曽野綾子は、『**無名碑**』（1969年）を書き上げるため、舞台となるダムや工事現場へ赴き、土木の勉強を始めた。そして、田子倉ダムの建設現場で土木技師が誠実に生きる姿を、見事に描写している。さらに、1986年、土木学会著作賞を受賞した『**湖水誕生**』（1980年と1983～1985年に『中央公論』で連載）では、1972年から7年間も、高瀬ダムへ通い続け、ダム技師やその家族、建設現場などを通して、自然や人間の有り様を描き出している。

# ダム・河川を識る

**ダムファンの増加とともに、ダム関連の本が充実してきた。写真でダムの魅力を伝え、ダムや河川の知識を優しくひもといてくれるこれらの本は、ダム巡りをより楽しくしてくれるはずだ。**

この写真集からダム人気が加速した

## ダム／ダム2（ダムダム）萩原雅紀著

2007～2008年に刊行された、ダムファンに向けた本の嚆矢。『ダム』は全国から36基を、『ダム2』は西日本から47基を収録。ひとつのダムに4ページとっているものもあり、オーソドックスなアングルはもちろん、そのダムの特徴を端的に切り取った写真も多数掲載されている。カラー文庫化もされている。

**【メディアファクトリー／写真集各1600円+税、文庫各695円+税】**

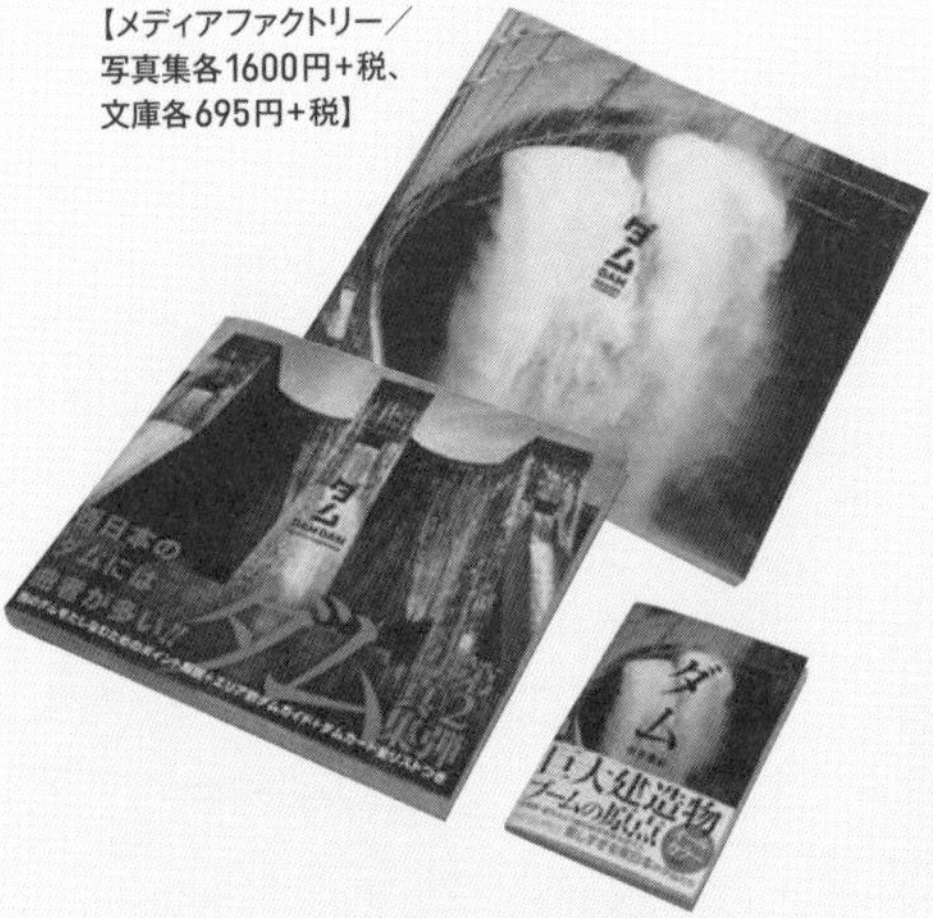


海外のドボクを楽しめる唯一の本

## ヨーロッパのドボクを見に行こう

八馬智著

ヨーロッパの土木構造物全般を「スゴイ!」という観点で丹念に紹介していく本。スイスではダムがメインに据えられ、アルプス越えの街道沿いのダム群や、高さ285mのグランドディクサンスダムの堤体の前のホテルに宿泊することがおオススメされている。この本は、興味の対象をダムから橋やドボク全般に広げてくれることだろう。

**【自由国民社／2300円+税】**

空撮DVD付きダム写真集

## ダムに行こう!

萩原雅紀・庄嶋與志秀著

2016年に刊行された大判の写真集。全国から86基のダムを収録。見開き左右約50cmにも及ぶ超大判写真も数点収録され、その迫力には圧倒される。ドローンを駆使した空撮を含むDVDの映像は約70分、ダムの放流のすべてを知ることができる。

**【学研プラス／2000円+税】**

美しい大判写真集

## ダムを愛する者たちへ

阿久根寿紀・神馬シン・宮島咲・琉著

ダム愛好家たちが自身の作品を厳選した大判写真集。「楽」「喜」「死」「素」という四つのテーマでダムを写真と文章で紹介する。

**【スモール出版／2100円+税】**

ダムカードでダムを知る!

## ダムカード大全集Ver2.0 宮島咲

本書に寄稿している宮島氏による、ダムカードの本。522枚（刊行時）のダムカードを一覧できるということは、ダムを一覧できることでもある。ひとつのダムのカードの変遷や非公認カードについての話など、カードは「もらって集めておしまい」というものではないということがよくわかるだろう。カードそのものを愛することができるようになる造りだ。

**【スモール出版／2200円+税】**

※版元品切れのものもあります。また、初版発売当初の発行元・価格を示しています。

国土と河川の
関係がわかる
## 国土の変貌と水害
高橋裕

河川工学の第一人者による、国土の観点から水の流れを考える本。水害の歴史を分析し、どのように河川を管理し、国土を作ってきたのか、また、今後はどう向き合うべきなのか。1971年刊のロングセラー。それから半世紀、国民と水害との距離は遠くなった。2012年には、東日本大震災を踏まえた防災意識に警告を発する『川と国土の危機ー水害と社会』が刊行された。

【岩波書店／ 740円+税】

ダムの基礎から
わかる本
## ダムマニア
宮島咲

「ダムってなに?」から始まり、その歴史や魅力、ダムの用語や設備などをていねいに紹介している、入門書ともよべる一冊。実際にダムに出かけるときにどうするか、何が必要かといった話や、エリアごとの「ダムめぐりガイド」は役に立つ。「美しいダム」「働くダム」「これがダム?」というタイトルのグラビアも見応えあり。

【オーム社／ 2200円+税】

DVD

空撮でダムの放流を見てみよう
## DVD 絶景ダム／2
庄嶋與志秀制作・萩原雅紀監修

マルチコプター黎明期から空撮動画を撮り続けている庄嶋氏によるダムの動画。ダムサイトと放流を立体的に把握することができるのは、動画ならでは。『絶景ダム』ではスキージャンプ式の矢木沢ダムの放流と奈良俣ダム、二瀬ダムを、『絶景ダム2』では、ちばるさんをフィーチャーして宮ヶ瀬、深城、川治ダムを撮影。

【スクロール価格2700円（税込）】

水力発電の
すべてがわかる
## 水力ドットコム
阿久根寿紀著

水力発電所独特の構造物や設備を写真に収め、それらをグラビアでたっぷりと紹介しつつ、水力発電のしくみをわかりやすく解説している。著者は2000年ごろから水力発電所巡りを開始し、これまでに1000カ所以上を見たという技術系会社員。関連施設であるダムにも造詣が深く、日本ダム協会認定のダムマイスターでもある。

【オーム社／ 2200円+税】

迫力ある映像に引き込まれてしまう!
## SiphonTV

「サイフォンTV」は、ダムの大きさや構造、放流時の迫力などを映像で美しく、わかりやすく伝えている動画サイト。国内にあるさまざまなタイプのダムの魅力を紹介しているほか、建設途中のダムや、秘境にあるダムの姿など、貴重な映像もたくさん。特にドローンを使って放流シーンを撮影した動画は、説明不要でその魅力に引き込まれ、つい見入ってしまう。

**https://www.youtube.com/channel/UC0UjOND25OC2LhTzJW3Zzuw**

動画

監修　萩原雅紀《はぎわらまさき》

企画・編集　磯部祥行
編集　モーヴ社／藤井良治、倉地譲、瀬川三岐夫、山縣鑑

協力　安藤・間 東北支店、高橋良和、高根たかね、平沼義之、廣瀬広行、
星野夕陽、マニアパレル、三橋さゆり、宮島咲、目黒公司、夕顔（50音順）

資料提供　国土交通省

装丁・デザイン　吉田恵美（mewglass）
デザイン　プールグラフィックス／鈴木悦子、松田祐加子

**参考データ・文献・資料**
「近代日本土木人物事典～国土を築いた人々」高橋裕＋藤井肇男（共著） 鹿島出版会
「見学しよう工場現場（3）ダム」溝渕利明（監修） ほるぷ出版
「巨大ダムの“なぜ”を科学する」西松建設「ダム」プロジェクトチーム（著） アーク出版
「ダムカード大全集Ver.2.0」宮島咲（著） スモール出版
一般財団法人日本ダム協会（各種データ・ホームページ）
一般社団法人日本大ダム会議（各種データ・ホームページ）

**ダム大百科《だいひゃっか》　国土《こくど》を造《つく》る巨大構造物《きょだいこうぞうぶつ》を見《み》る・知《し》る・楽《たの》しむ！**

2020年 6月 1日 初版第1刷発行
2023年11月30日 初版第3刷発行

発行者　岩野裕一

発行所　株式会社 実業之日本社
〒107-0062　東京都港区南青山6-6-22 emergence 2
電話03-6809-0473（編集）　03-6809-0495（販売）
https://www.j-n.co.jp/

印刷・製本　大日本印刷株式会社


ISBN978-4-408-33928-3（第二書籍）



本書は2017年に刊行されたブルーガイド・グラフィック『ダム大百科』を再編集して刊行するものです。